W0197244

Über den Autor:

Luc Bürgin, geb. 1970, ist stellvertretender Chefredakteur einer Schweizer Wochenzeitung und Verfasser zahlreicher Sachbücher. Zuletzt erschienen *Götterspuren* (1993), *Mondblitze* (1994) und *Geheimakte Archäologie* (1998).

LUC BÜRGIN

IRRTÜMER DER WISSENSCHAFT

Verkannte Genies, Erfinderpech und kapitale Fehlurteile
»Und sie hatten doch recht«

BASTEI-LÜBBE-TASCHENBUCH
Band 60472

© 1997 F. A. Herbig Verlagsbuchhandlung GmbH,
München
Lizenzausgabe im
Bastei-Verlag Gustav H. Lübbe GmbH & Co.,
Bergisch Gladbach
Printed in Germany, Dezember 1999
Titelillustration: IFA-Bilderdienst
Satz: Textverarbeitung Garbe, Köln
Druck und Bindung: Elsnerdruck, Berlin
ISBN 3-404-60472-5

Sie finden uns im Internet unter
http://www.luebbe.de

Christian Morgenstern:

Die unmögliche Tatsache

Palmström, etwas schon an Jahren,
wird an einer Straßenbeuge
und von einem Kraftfahrzeuge
überfahren.

»Wie war« (spricht er, sich erhebend
und entschlossen weiterlebend)
»möglich, wie dies Unglück, ja ...:
daß es überhaupt geschah?

Ist die Staatskunst anzuklagen
in bezug auf Kraftfahrwagen?
Gab die Polizeivorschrift
hier dem Fahrer freie Trift?

Oder war vielmehr verboten,
hier Lebendige zu Toten
umzuwandeln, – kurz und schlicht:
Durfte hier der Kutscher nicht ...?«

Eingehüllt in feuchte Tücher,
prüft er die Gesetzesbücher
und ist alsobald im klaren:
Wagen durften dort nicht fahren!

Und er kommt zu dem Ergebnis:
Nur ein Traum war das Erlebnis.
Weil, so schließt er messerscharf,
nicht sein *kann*, was nicht sein *darf.*

DANK

Der Autor möchte sich bei all jenen bedanken, die ihn
während der Arbeit an diesem Buch mit wertvollen An-
regungen oder Informationen unterstützt haben. Speziell
erwähnt seien in diesem Zusammenhang: H. Beck, Werner Berends, Ulrich Dopatka, die Flughistorische Forschungsgemeinschaft Gustav Weißkopf, Algund Een-
boom, Rudolf Gantenbrink, Helmut Kaiser, Hansjörg
Ruh, Laro Schatzer und Richard Vetter.

Luc Bürgin

INHALT

EINLEITUNG

Müßte sich Mona Lisa heute in einem Schönheitswettbewerb behaupten, würde ihr das Lächeln mit Sicherheit bald vergehen. Wissenschaftlern vergangener Zeiten erginge es vermutlich ähnlich. Hätten sie heute ihr Allgemeinwissen unter Beweis zu stellen, würde ihnen wohl auf einen Schlag klar, was sie zuvor nur vage bedacht hatten: daß nämlich »Objektivität« immer nur im historischen Rahmen betrachtet werden darf.

Noch nie war klarer ersichtlich als heute, wie schnell sich wissenschaftliche Bezugssysteme zu verändern pflegen. Noch nie war deutlicher, daß sich das, was gemeinhin als objektive Erkenntnis bezeichnet wird, bereits morgen als subjektive Meinung entpuppen kann.

Viel zu lange schon goutiert die Öffentlichkeit wissenschaftliche Äußerungen mehr oder weniger kritiklos, nur weil sie aus gebildetem Munde verbreitet werden. Und nach wie vor werden fachliche Duelle mehrheitlich intern ausgefochten, was dazu führt, daß die Öffentlichkeit – und ob der fehlenden Kritik von Außenstehenden nicht selten auch die Gelehrten selbst – wissenschaftliche Modelle oft mit einem exakten Abbild der Wirklichkeit verwechseln.

Besonders deutlich bewußt wurde mir diese Problematik 1994 anläßlich meiner Teilnahme an einer Talkrunde im Schweizer Fernsehen. Kategorisch erklärte damals ein Schweizer Raumfahrtexperte, potentielle interstellare Weltraumfahrt müsse zwangsläufig an der Begrenzung der Lichtgeschwindigkeit scheitern. Geschwindigkeiten oberhalb dieser Marke, so dozierte er mit erhobenem Zeigefinger, seien utopisch und entbehrten jeglicher wissenschaftlichen Grundlage. »Es ist ganz einfach nicht möglich, schneller als das Licht zu fliegen.«

Zugegeben: Heute ist es in der Tat nicht möglich. Aber was ist morgen, übermorgen oder gar in 100 Jahren? Nichts ist kurzlebiger als wissenschaftliche »Tatsachen«, nichts unberechenbarer als die Voraussage technologischer Entwicklungen.

Als sich 1946 in Philadelphia in einigen Häusern plötzlich die Lichter verdunkelten, weil im nahe gelegenen Universitätslabor nach jahrelanger Vorarbeit der erste Computer der Welt, der ENIAC, in Betrieb genommen wurde, jubelten die Forscher. Auch die Tatsache, daß das technische Monstrum ganze 140 Quadratmeter Fläche für sich in Anspruch nahm und satte 30 Tonnen wog, konnte ihrer Freude über die erfolgreiche Inbetriebnahme keinen Abbruch tun. Immerhin war ihr Elektronenhirn in der Lage, 5 000 Additionen pro Sekunde durchzuführen. Für die damalige Zeit eine unglaubliche Leistung.

»Bei der Konstruktion des ENIAC wurden große Erfahrungen gewonnen, die es ermöglichen werden, in Zukunft ähnliche Maschinen kleiner und einfacher zu bauen«, schrieb ein gewisser Paul Bellac damals begeistert in der Zeitung »Prisma«. »Keinesfalls«, so fuhr er in enthusiastischem Ton fort, »wird es aber gelingen, elektronische Rechenmaschinen zu bauen, die mehr leisten als der ENIAC.« Historische Zeilen, die uns heute, 50 Jahre später, allenfalls ein müdes Lächeln entlocken können.

Auch der inzwischen verstorbene Wissenschaftsautor Jacques Bergier, bekannt für seine kühnen Gedanken, unterschätzte die technische Entwicklung der Computer gewaltig. Bergier hielt es noch zu Beginn der siebziger Jahre für ausgeschlossen, daß es der Menschheit jemals

14

gelänge, »Übersetzungsmaschinen« zu entwickeln, da der Erdball ganz einfach zuwenig Platz bieten würde, ein derart speicherintensives System zu beherbergen. Heute weiß jedes Kind, daß es doch geht und daß ein gutes Übersetzungsprogramm bereits auf einer einzigen CD-ROM-Scheibe Platz findet.

Ganz offensichtlich scheint der Mensch also gewisse Entwicklungspotentiale oftmals etwas vorschnell zu beurteilen, und dies zumeist im negativen Sinn. So kam es, daß manche revolutionäre Entdeckung oder Idee jahrelang boykottiert und bekämpft wurde, weil dogmatisch veranlagte Wissenschaftspäpste ihre liebgewonnenen, aber vielfach verkrusteten Ideologien und Überzeugungen nicht abwerfen konnten. Mit ihrem voreiligen »Unmöglich!« legten sie dem Fortschritt innerhalb der Wissenschaft immer wieder Steine in den Weg:

– Als Antoine-Laurent de Lavoisier im 18. Jahrhundert die Existenz des bis dahin durch alle chemischen Fachpublikationen geisternden »Phlogistons« anzweifelt – einer angeblich beinahe gewichtslosen Substanz, die bei Verbrennungsvorgängen entweichen soll – und statt dessen erstmals den Begriff des Sauerstoffs in die Diskussion wirft, steht die chemische Fachwelt Kopf. Die »Observations sur la Physique«, Frankreichs führendes Wissenschaftsjournal, schießt aus allen Rohren gegen Lavoisier. Erst nach zähem Ringen gelingt es ihm, seine Theorie durchzusetzen.

– Als der Mathematiker Jean-Baptiste Joseph de Fourier 1807 vor die Pariser Académie des Sciences tritt und hinsichtlich des Problems einer Wärmeleitung in einem geschlossenen Ring erklärt, daß sich jede periodische Funktion als unendliche Summe von einfachen periodischen Funktionen (Sinus, Cosinus) darstellen läßt, erhebt sich Joseph-Louis de Lagrange, einer der herausragendsten Mathematiker seiner Zeit, und lehnt die Theorie rundweg ab. Da sich auch andere berühmte Gelehrte wie Pierre-Simon de Laplace, Jean-Baptiste Biot, Denis Poisson oder Leonhard Euler gegen Fourier aussprechen, dauert es eine ganze Weile, ehe die Tragweite seiner Entdeckung erkannt wird. Heute ist die Fourier-Analyse aus der Mathematik und der Physik nicht mehr wegzudenken.

– Als John James Waterston, ein unbekannter junger Physiker, der britischen Royal Society in den vierziger Jahren des 19. Jahrhunderts ein Manuskript zur Veröffentlichung übergibt, finden die zwei Gutachter, die es prüfen, kaum ein gutes Wort dafür. Hätte der Physiker und spätere Nobelpreisträger John William Rayleigh 1891 nicht das Originalmanuskript im Archiv der illustren Vereinigung wiederentdeckt, würden wir Waterstons Name heute vergeblich in den physikalischen Lehrbüchern suchen. Dabei hatte jener Waterston als erster überhaupt den sogenannten Gleichverteilungssatz der Energie (»Äquipartitionstheorem«) für einen Spezialfall benannt. Rayleigh schreibt dazu 1892: »Es ist sehr schwer, sich in die Lage eines Lektors im Jahre 1845 hineinzuversetzen, aber man kann verstehen, daß ihm der Inhalt des Artikels allzu spekulativ vorkommen mußte und daß auch sein mathematischer Stil nicht ansprechend war. Trotzdem nimmt es wunder, einen Rezensenten zu treffen, nach dem ›der ganze Artikel reiner Unsinn ist, selbst dazu ungeeignet, der Gesellschaft vorgelesen zu werden‹. Ein anderer bemerkt: ›... die ganze Untersuchung beruht – wie der Verfasser selber zugibt – auf einem völlig hypothetischen Prinzip, aus dem er die mathematische Behandlung der Phänomene elastischer Stoffe abzuleiten beabsichtigt. (...) Das Originalprinzip selber beruht auf einer Annahme, die mir nicht akzeptabel erscheint und die keineswegs als befriedigende Grundlage einer mathematischen Theorie dienen kann.‹«

– Als Wilhelm Conrad Röntgen, Entdecker der nach ihm benannten und aus der heutigen Medizin kaum mehr wegzudenkenden Röntgenstrahlen, seine Resultate Ende des 19. Jahrhunderts publik macht, muß er sich anfänglich mit so manchem kritischen Kommentar herumschlagen. Selbst der weltberühmte britische Physiker Lord Kelvin bezeichnet Röntgens Strahlen abschätzig als »geschickten Schwindel«. Friedrich Dessauer, Professor für medizinische Physik, wies in einer Vorlesung, welche er am 12. Juli 1937 an der Universität Freiburg (Schweiz) abhielt, ebenfalls auf diesen Umstand hin: »Ich sehe noch die Skeptiker mit ihrem ›Unmöglich!‹. Ich höre noch die Propheten in den ersten Jahren, große Autoritäten, die den Röntgenstrahlen jede, aber auch jede medizinische Bedeutung absprachen.«

– Als Werner von Siemens, der Begründer der Elektrotechnik, der Scientific Community seine Theorie der elektrostatischen Ladung geschlossener wie offener Leitungen präsentiert, hat auch er mit Widerständen zu kämpfen. »Meine Theorie fand (...) selbst in naturwissenschaftlichen Kreisen anfänglich keinen rechten Glauben, da sie gegen die in jener Zeit herrschenden Vorstellungen verstieß«, erinnert sich Siemens in seiner Ende des letzten Jahrhunderts erschienenen Autobiographie.

– Als William C. Bray von der University of California in Berkeley 1921 erstmals die Beobachtung einer periodisch oszillierenden chemischen Reaktion meldet, erlebt er Ähnliches. Wie Irving R. Epstein 1987 in der Fachzeitschrift »Chemical and Engineering News« schreibt, wird der amerikanische Wissenschaftler verlacht und verspottet, denn eine solche Reaktion schien damals schlicht unmöglich. Und obwohl sowohl theoretische als auch experimentelle Fakten Brays Entdeckung untermauern, müssen volle 50 Jahre verstreichen, ehe die Tragweite seiner Arbeit endlich erkannt wird.

Beispiele dieser Art vernehmen Studenten während ihrer Ausbildung selten, denn wie alle Menschen haben auch Wissenschaftler die seltsame Neigung, unangenehme Entwicklungen innerhalb ihrer Disziplin mit den einherziehenden Jahren zu verdrängen. Mit geschwellter Brust verkaufen sie ihren Schützlingen Wissenschaft als eine Geschichte von Erfolgen. Die internen Machtkämpfe, die großen Durchbrüchen vorangingen, werden großzügig unter den Tisch gewischt.

Diesem Makel will dieses Buch begegnen, indem es die wissenschaftsgeschichtlichen Tragödien beim Namen nennt und von kapitalen Irrtümern und Fehlurteilen berichtet, die in unseren heutigen Lehrbüchern oft verschwiegen oder in wenigen Zeilen vernebelt werden. Historische Momentaufnahmen sollen uns vergegenwärtigen, wie schnell gesichert scheinende Lehrmeinungen in sich zusammenbrechen können oder derzeit im Umbruch begriffen sind, und exemplarisch aufzeigen, mit welchen Strategien und oft sehr fragwürdigen Methoden man provokativen Ideen im Laufe der Geschichte gelegentlich den Strick drehte.

Wenn es mir im Rahmen dieser alternativen Dokumentation außerdem gelingen sollte, den Blick für die Gegenwart zu schärfen, um damit den Pfad, der uns ins nächste Jahrtausend führen soll, vielleicht ein bißchen zu ebnen, so ist das durchaus beabsichtigt. Denn auch heute behindern längst überholte Überzeugungen und Mauern in den Gehirnen einiger Fachleute den Fortschritt, verbauen uns »definitiv erwiesene« Tatsachen die Zukunft.

I

VERGANGENHEITS-BEWÄLTIGUNG

Im allgemeinen gilt für den wissenschaftlichen Diskurs, daß der Widerstand gegen eine neue These um so heftiger ausfällt, je stärker diese von der gültigen Lehrmeinung abweicht«, meinte die Historikerin und Philosophin Evelyn Fox Keller einmal. In der Tat reagiert der Wissenschaftsbetrieb auf neue Ideen und Entdeckungen oft gereizt, mitunter sogar gehässig, denn hochgelehrte Spezialisten verkaufen uns ihre Spekulationen und Gedankengebäude gerne als »definitiv erwiesene Tatsachen«.

Wenn Hinweise auftauchen, die diese »Tatsachen« ernsthaft in Frage stellen, stören sie. Vielfach werden sie ignoriert. Reicht das nicht aus, um ihnen den Garaus zu machen, wird ihren Urhebern schnell einmal die fachliche Qualifikation abgesprochen. Das ist um so einfacher, als Vertreter unorthodoxer Ideen nur in den seltensten Fällen zur Garde der wissenschaftlichen Koryphäen zählen. Wer auf den akademischen Olymp aufsteigen will, muß nämlich erst einmal brav Lehrmeinungen nachbeten. Und wer nach vielen mühsamen Jahren endlich oben angelangt ist, überlegt es sich zweimal, ob er dort mit provokativen Äußerungen seine hart erkämpfte Position gefährden will.

Auffällig konservativ verhalten sich heute die Ägyptologen. Insbesondere Spekulationen um das Alter der Cheopspyramide sind ihnen ein Dorn im Auge. Für sie ist längst klar, daß das gigantische Steinmonument um 2500 v. Chr. unter Pharao Cheops errichtet worden sein muß. Minutiöse C-14-Datierungen, die unter Mitwirkung namhafter Naturwissenschaftler erhoben und 1986 an einem internationalen Symposium in Lyon vorgestellt wurden, sorgten deshalb für einige Aufregung in der ägyptologischen Zunft. Unzweifelhaft zeigten sie auf, daß die

Entstehung der großen Pyramide um viele Jahrhunderte früher anzusiedeln ist als bisher angenommen wurde. Die Konsequenz: Zahlreiche Lehrbücher hätten kleinlaut umgeschrieben werden müssen. Eine hochnotpeinliche Angelegenheit. Was also tat man? Man verschwieg die kontroversen Daten einfach.

Als der Münchner Ingenieur Rudolf Gantenbrink im Zuge seiner Forschungen in der Cheopspyramide dann auch noch die ägyptologische Sensation des Jahrhunderts vermelden konnte und sich partout nicht zum Schweigen verpflichten lassen wollte, klingelten die Alarmglocken der Fachleute lauter denn je. Eilig gingen sie daran, die Entdeckung gegenüber der Öffentlichkeit herunterzuspielen. Eine wissenschaftliche Farce sondergleichen nahm ihren Lauf ...

1

Ein Außenseiter als Spielverderber

Sensationelle Entdeckung in der Cheopspyramide

>»Arroganz und Intoleranz haben in der langen
>Geschichte der Entdeckungen zu immer neuen
>Fehlurteilen geführt und sind schuld daran, daß
>sich unsere Autoritäten fast regelmäßig dem
>Neuen und Genialen gegenüber blamierten.«
>
> ROLF SCHAFFRANKE, Ingenieur

Überraschender Befund

Ägypten, 1993. Mit einem kleinen ferngesteuerten Roboter inspiziert der Münchner Ingenieur Rudolf Gantenbrink im Auftrag des Deutschen Archäologischen Instituts in Kairo (DAI) den von der Königinnenkammer aufwärts verlaufenden Südschacht der Cheopspyramide. Gantenbrink stellt dabei fest, daß der fragliche Gang viel länger ist, als uns die Lehrbücher verkünden.

Als die Kamera seines Roboters am Ende des Abschnitts gar eine Steinplatte registriert, an der sich zwei Kupferbeschläge befinden, ist die Sensation perfekt. Eine wenige Millimeter breite Ritze unter der Platte nährt die Vermutung, daß sich dahinter ein bislang unentdeckter Hohlraum verbergen könnte.

Gantenbrink setzt alle Hebel in Bewegung, um die mysteriöse architektonische Struktur weiter zu untersuchen. Ohne Erfolg. Seit seiner Entdeckung sind sämtliche

Forschungsarbeiten in dieser Angelegenheit sistiert. Über die Gründe dafür wird bis heute spekuliert. Mit Sicherheit mitgespielt hat aber die Tatsache, daß die heutige Lehrmeinung in der Cheopspyramide keinen Platz für unbekannte Hohlräume läßt. Immerhin hatten die Ägyptologen und insbesondere ihr Pyramiden-Nestor, der DAI-Leiter Professor Rainer Stadelmann, der Öffentlichkeit jahrelang stolz verkündet, die Cheopspyramide sei definitiv vermessen und erforscht und berge keine Geheimnisse mehr. Kommt dazu, daß der aktuelle Befund Diskussionen über altarabische Überlieferungen Auftrieb verleiht, die von einer reich bestückten Geheimkammer berichten, welche die Pyramidenbauer seinerzeit angelegt hätten. Überlieferungen, die von der Wissenschaft längst ins Reich der Märchen verwiesen worden sind.

»Die Sachlage, daß sich dahinter womöglich eine Kammer befinden könnte, schockiert alle so tief, daß man am liebsten gar nicht mehr weiterforschen würde«, brachte Gantenbrink die triste Sachlage in einem Interview auf den Punkt, das mein Kollege, der Publizist und Ägypten-Kenner Michael Haase, 1994 mit ihm führen konnte. »Seit jeher hat man die Existenz eines weiteren, unbekannten Hohlraumes vehement abgelehnt, und nun steht diese Möglichkeit plötzlich im Raum.«

Rückblick

Begonnen hat die Geschichte von Gantenbrinks Entdeckung 1990, als die Ägyptische Altertumsverwaltung dem DAI den Auftrag zur Installation einer Belüftungsanlage in der Königskammer erteilte.

Parallel zum Einbau der Anlage, die er schon bald erfolgreich abschließen kann, beginnt Rudolf Gantenbrink

1992 im Auftrag des DAI mit der Erforschung der Schächte in der Königinnenkammer. Doch Mitte März 1993, als
der Ingenieur die Untersuchung des Südschachts beinahe
abgeschlossen hat, kündigt ihm Stadelmann die Zusam-
menarbeit und damit auch die offizielle Unterstützung
des DAI auf.

Besessen von seinem Projekt, arbeitet der Münchner
auf eigene Faust weiter. Sein Mut wird belohnt: Am 22.
März erreicht sein Roboter den Abschluß des Ganges,
wo die seltsame metallbeschlagene Platte vorerst jede weitere Untersuchung unmöglich macht.

Gantenbrink bricht seine Zelte ab, um nach München
zurückzukehren. Nachdem das DAI in der Folge keinerlei Bekanntmachung über die Entdeckung lanciert, sen-
det er Teile seines Filmmaterials an die Autoren Robert
Bauval und Graham Hancock. Diese wiederum leiten
die Aufnahmen an die britischen Medien weiter. Fette
Schlagzeilen berichten in den folgenden Tagen über die
sensationelle Entdeckung. Spekulationen über eine geheime Kammer machen die Runde. Einzig DAI-Leiter
Stadelmann mag nicht in die allgemeinen Begeisterungsstürme einstimmen: »Alles Unsinn«, versucht er die Sache gegenüber der Presse herunterzuspielen. »Es gibt mit
Sicherheit keine weitere Kammern ...«

»Unwissenschaftliche Sensationsmache«?

Im Sommer 1994, gut ein Jahr nach Gantenbrinks Entdeckung, bat ich Professor Stadelmann per Fax, mir die
Gründe für das offensichtliche Desinteresse an einer weiteren Erforschung des Schachtes zu erläutern, worauf
mich am 30. August 1994 ein Schreiben aus Kairo er-
reichte. Abgefaßt hatte es Dr. Cornelius von Pilgrim, in
Vertretung des abwesenden Professors.

»Bei dem mit Hilfe des von Herrn Gantenbrink entwickelten Roboters entdeckten Stein am Ende des südlichen Korridors«, so von Pilgrim, »handelt es sich um die beim Bau der Pyramide vorgenommene Blockierung. Es ist keinesfalls eine ›Tür‹, die sich bewegen ließ(e), sondern ein Fallstein, der beim Bau eingelassen wurde und vom Kernmauerwerk überlagert ist. Es ist ausgeschlossen, daß sich dahinter eine Kammer befindet. So wurden die Arbeiten auch nicht vom Ägyptischen Antikendienst ›in letzter Minute‹ unterbrochen, sondern die angestrebte Untersuchung der Korridore und ihre Vermessung war mit Erreichen des Schlußsteines beendet. Weitere ›Rätsel‹ birgt die Cheopspyramide nur noch für die große Schar der ›Pyramidenmystiker‹. Weitere Grabkammern oder gar Schatzkammern sind aus wissenschaftlichen Gründen mit Sicherheit auszuschließen und eine Spekulation in dieser Hinsicht würde nur unwissenschaftlicher Sensationsmache dienen.«

Gantenbrink kontert

Die Sache ließ mir keine Ruhe, und so traf ich mich im Juni 1995 persönlich mit Rudolf Gantenbrink, um ihn zu den Hintergründen der ganzen Angelegenheit zu befragen. Der Münchner erlaubte mir, unser Gespräch auf Band festzuhalten.

»Herr Gantenbrink, was halten Sie vom Schreiben Pilgrims, wonach die Cheopspyramide definitiv erforscht sei?«

Gantenbrink: »Eigentlich fehlen einem die Worte zu diesem Brief. Wer immer sagt, es bestehe kein Forschungsbedarf mehr, der lügt schlicht und einfach.

Stand der Dinge ist folgender: Wir haben einen Befund, über den man normalerweise gar nicht diskutieren müßte. Die einzige Aussage, die man derzeit machen kann, ist, daß hier weiter geforscht werden muß. Statt dessen ist die ganze Sache zu einem regelrechten Glaubenskrieg ausgeartet, was natürlich schlimm ist. Wenn ich nur bis zu einem bestimmten Punkt gehen und dann nicht weitermachen darf, weil ich in dem Moment Gefahr laufe, bestehendes Wissen zu widerlegen, wird die ganze Sache doch sehr fragwürdig!«

»Wo könnten denn nun die Gründe für die zurückhaltende Reaktion des DAI liegen?«

Gantenbrink: »Ursprünglich ging es ja um eine rein visuelle Untersuchung der Schächte. Der Gedanke der Belüftung ist erst wesentlich später aufgetaucht, und zwar zu einem Zeitpunkt, als wir die ›Genehmigung‹ bereits besaßen. Die Hinweise verdichten sich allerdings für mich, daß wir zur Zeit der Entdeckung gar keine richtige Genehmigung gehabt haben. Das heißt, wir hatten offiziell nicht das Recht, das zu tun, was wir dort getan haben. Das scheint Probleme aufgeworfen zu haben. Denn normalerweise müßte eine Entdeckung in der Art, wie wir sie gemacht hatten, unverzüglich der Antikenbehörde gemeldet werden.

Nach eigenen Angaben hat Stadelmann das damals selbst übernommen. Darf man nun aber verschiedenen Statements in den ägyptischen Zeitungen glauben, dann waren noch vier Wochen nach der Untersuchung weder der Leiter der Antikenabteilung noch der Kultusminister über den Fund informiert!

Was da im einzelnen falsch gelaufen ist, kann ich natürlich nur sehr schlecht beurteilen, da ich weder einen Grabungsvertrag gesehen noch einen solchen unterschrieben habe. Ich weiß also nicht, was da drin steht, aber es scheint hier doch einiges im argen zu liegen. Jedenfalls hat man mich, was die Presse angeht, ins offene Messer laufen lassen, denn es war absehbar, daß die Entdeckung nicht geheim bleiben konnte. Abgesehen davon, daß ich für so eine Geheimhaltung auch gar kein Verständnis gezeigt hätte.«

»In einem Interview hat Sie Professor Stadelmann als ›Pyramidenspinner‹ bezeichnet. Wie gehen Sie mit derartigen Aussagen um?«

Gantenbrink: »Ich finde, ein Mann wie er disqualifiziert sich durch solche Aussagen selbst und zeigt dadurch nur zu deutlich, wie man ihn von der wissenschaftlichen Seite her einzuordnen hat. Denn es ist klar, daß alle anderen Archäologen durch derartige Äußerungen in eine Lage versetzt werden, in der sie mit mir aus wissenschaftspolitischen Gründen nicht mehr zusammenarbeiten können – auch wenn sie mich noch so gut kennen.

In besagtem Interview äußert sich Stadelmann im weiteren dahingehend, als ob dieses Projekt zeitlich und finanziell gesehen mit anderen Projekten in Konkurrenz treten würde, was natürlich keineswegs der Fall ist: Ich benötige für meine Arbeit keine weitere Hilfskraft. Außerdem ist die Sache bereits vorfinanziert. Trotzdem stellt er die Sache so hin, als müßte man dadurch wichtigere Dinge wie etwa die Behebung von Umweltschäden zurückstellen. Das ist absoluter Nonsens, da wir mit dem bereits vorhandenen Equipment die Möglichkeit haben, auch den Nordschacht, den letzten unerforschten Teil der großen Pyramide, näher zu untersuchen.«

Irreführende Formulierungen

Gantenbrinks Ärger ist verständlich. Selbst ein bautechnischer Fachartikel, welchen der Archäo-Techniker über den von ihm erforschten Gang für die vom Deutschen Archäologischen Institut herausgegebene Fachzeitschrift verfaßt hatte, wurde – ohne vorherige Rücksprache –

sprachlich derart umgemodelt, daß sich dessen Inhalt ziemlich nahtlos in die Hypothesen Stadelmanns einpassen ließ.

Hypothesen, die Gantenbrink aus der Sicht des technischen Fachmannes nicht in allen Punkten befriedigen. »Stadelmann ist sicherlich eine Kapazität auf seinem Gebiet«, räumt er ein. »Dennoch muß ich ihm leider die Fähigkeit absprechen, technische Prozesse nachvollziehen zu können, was ja als Philologe auch nicht seine Aufgabe ist. Aber dann soll er sich dazu bitte nicht äußern. Ich mische mich schließlich auch nicht in archäologische Fragen ein!«

Wer sich für die Sache interessiert, findet den Originalartikel Gantenbrinks in der Zeitschrift »G.R.A.L.« (Nr. 6/1994), wo Herausgeber Michael Haase im Anschluß daran detailliert die kleinen, aber oft sinnverfremdenden Änderungen durch die Redaktion der »Mittellungen des Deutschen Archäologischen Instituts« auflistet. Ebenso ausführlich dokumentiert der Berliner Publizist dort sprachliche und fachliche »Mogeleien« in einem Beitrag Stadelmanns zum selben Thema, mittels welchen der ahnungslose Leser geschickt in die Irre geführt wird.

Haases kritisches Fazit: »Man kann als wissenschaftlich orientierter Journalist nur schwerlich nachvollziehen, wieso technisch/baukonstruktive Aussagen und Bewertungen eines Sachkundigen derart umgeschrieben werden, so daß zum Teil veränderte und verzerrte Tat- und Sachbestände einer – mit dem Thema ›unbedarften‹ – Öffentlichkeit angeboten werden. Und man könnte unweigerlich auf den Gedanken kommen, als ob die technischen Bewertungen von Gantenbrink in einem fachspezifischen Artikel den verantwortlichen Ägyptologen und Redakteuren nicht in ihr ›Interpretationsschema der Modellkorridore‹ zu passen scheinen.«

Ein archäologischer Skandal zeichnet sich ab

Am 15. August 1995 konfrontierte das Fernsehmagazin »Spiegel-TV« seine Zuschauer überraschend mit der Ankündigung, die kanadische Firma Amtex übernehme nun zusammen mit dem DAI und der Ägyptischen Antikenverwaltung die Erforschung des Gantenbrink-Schachtes. In einem Brief des Amtex-Präsidenten Peter Zuuring an die TV-Redaktion vom 14. Juli 1995 war sogar die Rede davon, »die Kammer live zu öffnen«. (Auch ich erhielt von Amtex am 22. August 1995 auf Anfrage eine Stellungnahme mit identischem Wortlaut.)

Ganz offensichtlich ignorierten die Verantwortlichen also sämtliche bereits gemachten Erfahrungen, um – ohne den Münchner – noch einmal bei Null zu beginnen. »Vom wissenschaftlichen Standpunkt aus gesehen ist dieses Verhalten natürlich vollkommener Unsinn«, schüttelte Gantenbrink berechtigterweise den Kopf, als ich kurz nach Ausstrahlung der fraglichen Sendung mit ihm telephonierte.

»Nach ersten Informationen beabsichtigt Amtex, dem Gang sein Geheimnis mit Hilfe von Stangen zu entlocken. Da wird man richtig blauäugig auflaufen. Die Frage ist doch: Warum entwickle ich einen ebenso kostspieligen wie komplizierten Roboter, wenn es mit Stangen ebensogut gehen würde? Ich kann nur noch einmal wiederholen, daß ich mit den Ägyptern gesprochen habe und mir von ihrer Seite aus unmißverständlich dargelegt wurde, daß ich die Untersuchung fortsetzen soll.«

Von Stangen sprach 1996 keiner mehr. Dafür informierte die »Egyptian Gazette« ihre Leser am 31. März darüber, daß die Ägypter das Geheimnis des Ganges jetzt mit Hilfe eines eigenen Roboters zu lüften gedenken. Stadelmann konnte oder wollte dies mir gegenüber nicht bestätigen. Eine Fortsetzung der Arbeiten, so teilte er mir am 30. April 1996 per Fax mit, sei im Moment nicht geplant, da dringlichere Untersuchungen zur Rettung von Altertümern anstünden. »Außerdem bin ich weder gefragt noch darüber informiert worden, daß das DAI mit Amtex in der Pyramide arbeiten würde. Es liegt auch keinerlei Absicht oder Zustimmung des ägyptischen Antikendienstes darüber vor.«

Anders äußerte er sich in einem Interview mit dem Journalisten Torsten Sasse, wo er den Schwarzen Peter für die Verzögerung der Untersuchungen den Ägyptern zuschob: »Im Moment ist die Konzession von Ägyptischer Seite her entzogen, und man hat mir mitgeteilt, daß das Antikendepartement die Erforschung selbst fortsetzen wird.« (Sasses Beitrag wurde am 4. April 1996 im Rahmen der ARD-Sendung »Kontraste« ausgestrahlt.) Dazu Dr. Mohamed Nur el Din, Generalsekretär der ägyptischen Antikenverwaltung: »Das DAI selbst hat den Stopp beantragt. Wenn es den Antrag stellt, weiterzumachen, werden wir das selbstverständlich prüfen.«

Das traurige Fazit: Seit nun bald dreieinhalb Jahren verzögern wissenschaftliche Querelen die Untersuchung eines einzigartigen archäologischen Befunds, dessen Charakter revolutionäre Konsequenzen für die ägyptologische Geschichtsschreibung haben könnte.

Sollte sich daran nicht bald etwas ändern, dürfte Rudolf Gantenbrink wohl dasselbe Schicksal zuteil werden, das im Verlauf der Menschheitsgeschichte schon so vielen unkonventionellen Denkern zum Verhängnis geworden ist, deren Namen heute für umwälzende Durchbrüche in der Wissenschaftsgeschichte stehen: Als Außenseiter abgestempelt, mußten sie oft jahrzehntelang Ignoranz oder Spott von offizieller Seite erdulden, ehe die Tragweite ihrer Entdeckungen doch noch erkannt wurde.

II

VERKANNTE GENIES

Verkannte Genies gab es zu allen Zeiten. Galileo Galilei ist nur der prominenteste Vertreter einer ganzen Reihe wissenschaftlicher Pioniere oder Außenseiter, die im Laufe der vergangenen Jahrhunderte zum Schweigen gebracht worden sind.

Intensiv beschäftigt mit solchen verkannten Genies hat sich Professor Hans Schadewaldt, emeritierter Leiter des Instituts für Geschichte der Medizin an der Heinrich-Heine-Universität in Düsseldorf. »Als Medizinhistoriker habe ich schon immer die Feststellung gemacht, daß in vielen Fällen durch unterschiedlichste Schwierigkeiten sozusagen fast vor Augen liegende Entdeckungen nicht erkannt wurden und erst viele Jahre oder gar Jahrhunderte später ihre gerechte Würdigung erfuhren«, bestätigte er mir 1995 anläßlich eines Briefwechsels die triste Sachlage.

Die Gründe hierfür ortet Schadewaldt in den jeweiligen zeitgeschichtlichen Umständen, aber auch in unglücklichen Konstellationen innerhalb der Fakultäten. Der Düsseldorfer wörtlich: »Selbst heute, so bin ich überzeugt, können solche revolutionären Entdeckungen zwar gemacht, aber nicht sofort anerkannt werden.«

Im weiteren räumt Schadewaldt ein, »daß auch hochkarätige Wissenschaftsgremien, denen Arbeiten vor der Publikation zur Zensur vorgelegt werden, gelegentlich Fehlurteile fällen, die dann später in mühseligen Verfahren berichtigt werden müssen, zumal eine Hypothese in vielen Fällen erst nachträglich durch ein neues Untersuchungsverfahren entweder gestützt oder entscheidend abgelehnt werden kann«.

Auf die Frage, ob das wissenschaftliche System an diesem Umstand mitschuldig sei, gibt sich Schadewaldt zurückhaltend. »Ich glaube nicht«, so erklärte er mir, »daß eine Änderung im Wissenschaftsbetrieb eine Verbesserung dieser sicherlich beklagenswerten Situation nach sich ziehen würde.« Eine bedeutsame Rolle spielt für ihn viel eher das »wissenschaftliche Glück«: Publiziert der Entdecker seine Arbeit an der richtigen Stelle? Trifft er auf Mäzene oder verständnisvolle Lehrer, die sofort die Bedeutung seiner Entdeckung erkennen und diese unterstützen?

Ich kann nicht verhehlen, daß mir derartige Argumentationen ebenso unbefriedigend erscheinen wie beschwichtigende Floskeln über die angeblich verschwindend kleine Anzahl derartiger Vorkommnisse, denn nicht nur für Insider ist mittlerweile ersichtlich, daß der Wissenschaftsbetrieb allem Fortschritt zum Trotz in einer Sackgasse steckt.

Mehr denn je sind die wissenschaftlichen Bestrebungen heute darauf ausgerichtet, bestehende Glaubenssätze zu erhärten. Die Suche nach Wahrheit ist längst zur Suche nach Gewißheit verkommen. Unkonventionelle Ansätze und Kreativität sind immer weniger gefragt, was um so bedauerlicher ist, als große wissenschaftliche Durchbrüche vorherrschenden Lehrmeinungen und konventionellen Erwartungshaltungen nur in den seltensten Fällen gerecht zu werden pflegen.

Rückblickend gesehen gilt es außerdem festzuhalten, daß sich viele begnadete Pioniere ihren Weg unter großen persönlichen Opfern freikämpfen mußten. Ist es da nicht allmählich an der Zeit, die notwendigen Konsequenzen aus der Vergangenheit zu ziehen?

1

Tumult im Elfenbeinturm

Medizinische Durchbrüche, die niemand wahrhaben wollte

>»Ist eine Theorie lange genug verbreitet, wurde sie
>schon Generationen von Studenten als Lehr-
>meinung vermittelt, dann bekommt sie das
>Flair eines Dogmas, wenn nicht gar das einer
>gesicherten Wahrheit.«
>
>THOMAS VON RANDOW, Wissenschaftspublizist

Kleine Stiche, große Wirkung

Schlafstörungen können mit Akupunktur wirksam und
ohne unerwünschte Nebenwirkungen behandelt werden.« Diese erstaunliche Aussage entstammt keiner ob-
skuren alternativmedizinischen Anzeige. Sie ist vielmehr
in einer Presseerklärung zu finden, die der Schweizerische Nationalfonds zur Förderung der wissenschaftlichen
Forschung am 17. Juni 1996 lancierte.

Anlaß zu obenerwähnter Feststellung gab eine vom
Nationalfonds unterstützte wissenschaftliche Untersuchung an 40 Testpersonen. Projektleiter Dr. Hamid Montakab: »Die Patienten wurden in zwei Gruppen aufgeteilt.
Bei der ersten Gruppe stimulierte der Therapeut in drei
bis fünf Behandlungen mit den Akupunkturnadeln aus-
gewählte Punkte auf Meridianen (Leitbahnen, in denen
sich nach der chinesischen Vorstellung im Körper die Le-
bensenergie sammelt). Dabei wurden die Punkte auf den

Meridianen individuell auf die einzelnen Patientinnen und Patienten abgestimmt. In der zweiten Gruppe wurden die Nadeln an ›wirkungslosen‹ Punkten neben den Meridianen angesetzt.«

Ergebnis: Die erste Gruppe reagierte ausgesprochen positiv auf die in schulmedizinischen Kreisen mehrheitlich verpönte Behandlungsmethode. Viele der Testpersonen fanden wieder zu ihrem Schlaf. Bei der zweiten Patientengruppe konnten gemäß Montakab keine signifikanten Wirkungen festgestellt werden. »Ihnen brachte auch die Illusion, mit fachgerechter Akupunktur behandelt worden zu sein, den Schlaf nicht zurück.«

Die unter Montakab durchgeführte Studie ist Teil eines nationalen Forschungsprogramms des Schweizerischen Nationalfonds zum Thema »Komplementärmedizin«. »Von der Wissenschaft und den Behörden verkannt, hat die Komplementärmedizin jahrelang ein Schattendasein fristen müssen«, faßt Dr. Françoise Kästli vom Nationalfonds die Überlegungen zusammen, die zur Lancierung des alternativen Programms geführt haben. »Heute duldet man die Komplementärmedizin, akzeptiert ist sie jedoch noch nicht.« Man hoffe nun, mit Hilfe intensiver Forschungsanstrengungen zu einem tieferen Verständnis ganzheitlicher Heilpraktiken zu gelangen.

Diese erfreuliche Entscheidung gibt – reichlich spät – der Philosophie eines Arztes recht, der wegen seines hitzigen Temperaments und seiner kompromißlosen Berufsauffassung vor knapp 500 Jahren Hals über Kopf aus der Schweiz flüchten mußte. Unerbittlich hatte er sich für eine enge Verknüpfung von medizinischem Lehrbuchwissen und mündlich überlieferten Erkenntnissen der Volksheilkunde eingesetzt und diese auch selbst mit Erfolg praktiziert. Sehr zum Mißfallen seiner traditionsverhafteten Berufskollegen freilich …

Ein geheimnisvoller Besucher

Man schreibt das 16. Jahrhundert, als der besagte »Wunderdoktor« in den Straßen von Basel (Schweiz) auftaucht. Seine äußere Erscheinung unterscheidet ihn in nichts von einem gewöhnlichen Fuhrmann – abgesehen von dem imposanten Zweihänderschwert, das er stolz an seiner Seite trägt.

Die überdurchschnittlich hohe Heilquote des Ankömmlings hat sich bereits herumgesprochen, und so beginnen die Basler aufgeregt miteinander zu tuscheln, als sie ihm auf den Straßen begegnen. »Das ist der berühmte Theophrastus«, flüstern sie sich gegenseitig zu. Ihre Bewunderung über seine medizinischen Wundertaten läßt sie ehrfurchtsvoll erstarren.

Er war tatsächlich eine herausragende medizinische Gestalt, dieser Theophrastus. In seinen Schriften nahm der von den einfachen Bürgern verehrte und hochgeachtete Arzt zahlreiche spätere medizinische Erkenntnisse in Ansätzen vorweg.

Erst heute beginnt die medizinische Forschung dem sagenumwobenen Paracelsus, wie er sich selber nannte, den Stellenwert zuzubilligen, der ihm eigentlich schon zu Lebzeiten gebührt hätte. »Paracelsus«, so urteilte etwa Carl Gustav Jung, der große Psychoanalytiker, einmal, »ist eine jener großen Gestalten der Renaissance, welche in ihrer Abgründigkeit auch heute uns noch problematisch sind. (...) So sehen wir ihn als einen Bahnbrecher nicht nur der chemischen Medizin, sondern auch der empirischen Psychologie und der psychologischen Heilkunde.«

Wer aber war Paracelsus, und was hatte er damals überhaupt in Basel zu suchen?

Kampfansage an die medizinischen Autoritäten

Theophrastus Bombastus Aureolus Philippus von Hohenheim, so sein voller bürgerlicher Name, wird Ende 1493 in Einsiedeln (Schweiz) geboren. Der Vater ist ein deutscher Arzt, die Mutter Schweizerin. An der Universität in Ferrara (Italien) nimmt der junge Theophrastus 1513 sein Medizinstudium auf, das er einige Jahre später erfolgreich abschließt. Anschließend zieht er als Feldarzt durch die Welt.

1524 läßt sich Paracelsus in Salzburg als praktizierender Arzt nieder. Via Straßburg gelangt er 1527 nach Basel, von wo ihn eine Berufung zum Stadtarzt erreicht hat. Die dortige politische Situation ist indessen reichlich verzwickt. Der Paracelsus-Kenner Dr. Hans Karcher: »Magistrat und Universität standen zur Zeit der angehenden Reformation in keinem guten Verhältnis zueinander. So war es geschehen, daß man Paracelsus berufen hatte, ohne der medizinischen Fakultät davon Mitteilung gemacht zu haben.«

Elegant hatte der gewitzte Stadtrat die Basler Professorenschaft umgangen, die sich einer Berufung des medizinischen Reformators an die Universität sicherlich heftig widersetzt hätte. Und da der Stadtarzt seit jeher das Recht hatte, medizinische Vorlesungen abzuhalten, schien die Sache für die Basler Behörden geritzt.

Paracelsus trifft derweil im festen Glauben in Basel ein, als Ordinarius vor die Basler Studenten treten zu können. Eine Berufung, die ihn mit neuem Lebensgeist erfüllt: Hier ließ sich ganz offensichtlich etwas bewegen! Hier präsentierte sich ihm eine junge, interessierte Zuhörerschaft, die noch nicht aus verkrusteten Lehrmeinungen heraus argumentierte.

Kurz darauf ist der erste Skandal perfekt, als Paracelsus einige seiner Vorlesungen in deutscher Sprache abhält und seine Sätze nicht – wie damals üblich – in lateinische Worthülsen kleidet. »Meine Absicht«, so Paracelsus damals, »ist es, hier darzulegen, was einen wirklichen Arzt ausmacht, und das in Deutsch, damit es auch ein jeder verstehe.«

Erfahrung und eigene Erwägung statt Berufung auf Autoritäten, lautet seine Hauptdevise. Die Studenten danken es ihm mit ihrem Erscheinen. Seine Kollegen jedoch schütteln ob soviel Unverfrorenheit und Respektlosigkeit gegenüber den von ihnen gepflegten Traditionen erbost ihre Häupter.

In einer flammenden Schrift legt Paracelsus den Baslern am 5. Juni 1527 sein pädagogisches Hauptanliegen dar: »... wollen wir sie (die Medizin, d. V.) von den schwersten Irrtümern reinigen, nicht den Regeln der Alten zugetan, sondern ausschließlich denjenigen, die wir aus der Natur der Dinge und eigenen Erwägungen gewonnen und in langer Übung und Erfahrung bewährt gefunden haben. Wer weiß es denn nicht, daß die meisten Ärzte heutiger Zeit zum größten Schaden der Kranken in übelster Weise daneben gegriffen haben, da sie allzu sklavisch am Wort des Hippokrates, Galenos und Avicenna und anderer geklebt haben, als ob diese wie Orakel aus dem Dreifuß des Apoll herausklängen, von deren Wortlaut man auch nicht um Fingers Breite abweichen dürfte. Wenn's Gott gefällt, kann man auf diesem Wege wohl zu blendenden Doktortiteln gelangen, wird aber niemals ein wahrer Arzt.

Nicht Titel und Beredsamkeit, nicht Sprachenkenntnisse, nicht die Lektüre zahlreicher Bücher sind Erfordernisse eines Arztes, sondern die tiefste Kenntnis der Naturdinge und Naturgeheimnisse, welche einzig und allein alles andere aufwiegen (...).

Um in meine eigene Lehrmethode ein wenig einzuführen, werde ich (...) täglich in zwei Stunden praktischer und theoretischer Heilkunde sowohl der inneren Medizin wie der Chirurgie Lehrbücher, deren Verfasser ich selbst bin, mit höchstem Fleiß und hohem Nutzen der Hörer öffentlich erklären. Diese Lehrbücher sind nicht etwa aus Hippokrates und Galenos oder irgendwelchen anderen Lehrbüchern zusammengebettelt, sondern vermitteln das, was mich die höchste Lehrerin Erfahrung und eigene Arbeit gelehrt haben. Demnach dienen mir als Beweishelfer Erfahrung und eigene Erwägung statt Berufung auf Autoritäten. (...)

Um den Schleier etwas zu lüften, kann ich sagen, daß von Komplexionen und Kardinalsäften im Stile der Alten bei mir nicht die Rede sein wird, aus denen fälschlich alle Krankheiten hergeleitet werden, woraus den Ärzten heute Krankheiten, Krankheitsursachen, kritische Tage usw. erklärt werden. (...) Urteilen dürft Ihr erst, nachdem Ihr den Theophrastus gehört habt.«

Intrigen

Der unbequeme Querdenker kennt keine Kompromisse. In seinem Kampf gegen die traditionellen Vorstellungen geht er soweit, öffentlich ein medizinisches Fachwerk der konservativen Schule zu verbrennen, was dazu führt, daß ihm die Basler Universität nebst dem Zutritt zum Hörsaal auch gleich noch das Promotionsrecht verwehren will. Schließlich sei er gar kein ordentliches Mitglied der Fakultät.

Ein juristischer Streit zwischen der Fakultät und dem Basler Stadtrat entbrennt, in dessen Verlauf sich Paracelsus vehement gegen die in seinen Augen ungerechten Maßnahmen wehrt. Irgendwie gelingt es ihm auch, das Verbot wieder aufzuheben. Doch die neidischen Stimmen werden dadurch nur noch lauter. Immer häufiger wird er von seinen Berufskollegen als »Wunderheiler« und »Scharlatan« verspottet.

Wer sich heute durch Paracelsus' Schriften und Erkenntnisse ackert, würde ob so viel Ignoranz wohl nur noch schmunzeln, hätte sich die Situation damals nicht unerwartet dramatisch zugespitzt. Die medizinische Fakultät höchstpersönlich formuliert nämlich – unter Mitarbeit einiger Studenten – ein polemisches Papier, in dem der Stadtarzt in Anspielung auf seinen Vornamen derb als »Cacophrastus« verunglimpft wird. Auch ansonsten geizt das Pamphlet nicht mit spöttischen Floskeln.

Als Paracelsus von einem Basler Domherrn für dessen erfolgreiche Behandlung schließlich auch noch das zuvor vereinbarte Honorar vorenthalten wird, platzt ihm der Kragen. Er prozessiert und verliert. Erbost darüber beschimpft er die Basler Obrigkeit derart, daß er ernsthafte Konsequenzen befürchten muß. Hals über Kopf setzt sich Theophrastus von Hohenheim im Februar 1528 nach nur elf Monaten Aufenthalt ins benachbarte Ausland ab.

»Ein Sturm der Entrüstung«

Szenenwechsel. 1892: Stolz blickt der bereits etwas in die Jahre gekommene Mann mit dem markanten Schnurrbart seiner jungen Frau in die Augen: »Bring mir meinen besten Rock. Wenn man so eine große Entdeckung verkündet, so muß man doch ein bißchen anständig ausse-hen!«

Carl Ludwig Schleich (1859-1919) ist sich seines Erfolges sicher. Erstmals in der Geschichte der Medizin war es ihm geglückt, eine wirksame Methode zu entwickeln, mit welcher bestimmte Regionen des menschlichen Gewebes vorübergehend schmerzunempfindlich gemacht werden konnten. Endlich lag eine brauchbare Alternative zur bisher praktizierten Ganzkörpernarkose vor, bei welcher den Patienten vor der Operation jeweils eine gehörige Portion Chloroform verabreicht worden war.

Gewiß, das Chloroform tat seinen Dienst ganz gut. Allerdings war es auch eine alte Weisheit, daß dessen Anwendung oft drastische Nebenwirkungen mit sich brachte. Leberschäden zum Beispiel waren keine Seltenheit. Nun aber war plötzlich alles ganz anders: Schleich hatte das neu entdeckte Verfahren – wir sprechen heute von der »Lokalanästhesie« – bereits mit durchschlagendem Erfolg an unzähligen seiner Patienten angewandt, und so galt es jetzt nur noch, die Fachwelt auf die neue Methode aufmerksam zu machen.

In seiner 1920 veröffentlichten Autobiographie schildert uns Schleich die damaligen Ereignisse mit folgenden Worten: »So trat ich im April (...) auf dem Chirurgenkongreß an. Mein Manuskript in der Hand. (...) Der Saal überfüllt, als ich auf das Podium trat. In aller Gemütsruhe begann ich, ein Protokollant stenographierte. (...) Als ich nun schloß: ›So daß ich mit diesem unschädlichen Mittel in der Hand aus ideellen, moralischen und strafrechtlichen Gesichtspunkten es für nicht mehr erlaubt halte, die gefährliche Narkose da anzuwenden, wo dieses Mittel zureichend ist‹, da erhob sich ein Sturm der Entrüstung, der mich beinahe umgeworfen hätte, so verblüfft war ich.

Von Bardeleben (der Vorsitzende, d. A.) läutete lange die Glocke. Als sich das Getöse einigermaßen gelegt hatte, sagte er: ›Meine Herren Kollegen! Wenn uns solche Dinge entgegengeschleudert werden, wie sie in dem Schlußsatz des Vortragenden enthalten sind, dann dürfen wir von unserer Gewohnheit, hier keine Kritik zu üben, wohl abweichen, und ich frage die Versammlung: Ist jemand von der Wahrheit dessen, was uns hier eben entgegengeschleudert worden ist, überzeugt? Dann bitte ich die Hand zu erheben!‹ (Welch ein Wahnsinn, abstimmen zu lassen, ob eine neue Entdeckung wahr ist oder nicht!) Es hat sich keine Hand erhoben! Ich trat vor das Podium. Ich wollte sagen: ›Meine Herren! Bitte, schauen Sie sich die Sache an, ich kann Ihnen jeden Augenblick beweisen, daß die Dinge wahr sind. Ich habe nicht gelogen!‹ Ich rief: ›Ich bitte ums Wort!‹ – ›Nein!!!‹ donnerte der alte Moses, Blitze unter den buschigen, grimmigen Augen mir entgegensprühend. Da zuckte ich die Achsel und ging.«

Paradebeispiel Semmelweis

Noch schlimmer als Schleich ergeht es dem ungarischen Arzt Ignaz Semmelweis. Sein Schicksal ist bezeichnend und tragisch zugleich: Ausgerechnet er, der als erster die Ursache des Kindbettfiebers entdeckt, stirbt 1865 selbst an einer Blutvergiftung. Zugezogen hatte er sich die fatale Verletzung beim verzweifelten Kampf mit Pflegern einer psychiatrischen Anstalt, in welche ihn seine Gegner eingewiesen hatten. Doch gehen wir der Reihe nach.

Ignaz Semmelweis erblickt am 1. Juli 1818 als dritter von sechs Söhnen einer gut situierten Kaufmannsfamilie das Licht der Welt. Das Schicksal will es, daß sich der junge Ignaz nach Beendigung seiner Gymnasialzeit zum Studium der Medizin entschließt. Ein Studium, das er im Februar 1844 in Wien erfolgreich abschließt, wenngleich er schon damals ein gespaltenes Verhältnis zur theoretischen Seite der Forschung hat. Semmelweis war, und davon sollte er später beträchtlich profitieren, ein Mann der Praxis. »Ich habe das Gefühl, daß ich diese nach Sägemehl riechenden Lehrbücher nur in der Gefängniszelle zu lesen imstande wäre«, klagt er noch während der Studienzeit seinem Vater, und fügt trocken hinzu: »Vorausgesetzt, daß ich zu lebenslänglichem Kerker verurteilt wäre!«

Nach Beendigung seiner Ausbildung wechselt Semmelweis als Assistent an eine Wiener Klinik. Und diese Berufung sollte einen Wendepunkt in seinem noch jungen Forscherleben markieren: Gleich zu Dutzenden starben hier – wie auch in anderen Kliniken – die eingelieferten Mütter kurz nach der Geburt an heimtückischen Fiebererkrankungen. Die Ursache dieses sogenannten »Kindbettfiebers« lag weitgehend im dunkeln. Zwar kursierten unter der Ärzteschaft verschiedene Theorien, endgültige Abhilfe konnte aber keine der vorgeschlagenen Maßnahmen schaffen.

1847 betritt Semmelweis, immer noch Assistent in Wien, die akademische Bühne und schockiert die Fachwelt mit einer ebenso provozierenden wie schockierenden Hypothese: Nicht irgendwelche vagen Auslöser, sondern vielmehr die Ärzte höchstpersönlich seien für die dramatischen Vorfälle verantwortlich!

Ausgangspunkt für Semmelweis' Überlegungen war der Todesfall Dr. Jacob Kolletschkas, eines Professors der gerichtlichen Medizin, der sich während einer Leichenöffnung mit einem Sektionsmesser am Finger verletzt hatte und kurz darauf an einer Blutvergiftung gestorben war, die sich in Windeseile in seinem Körper ausgebreitet hatte. Als man bei der Autopsie von Kolletschkas Leiche die selben Symptome diagnostizierte, an denen auch die vom Kindbettfieber geplagten Mütter litten, fiel es dem ungarischen Arzt wie Schuppen von den Augen.

Semmelweis schreibt: »Tag und Nacht verfolgte mich das Bild von Kolletschkas Krankheit, und mit immer größerer Entschiedenheit mußte ich die Identität der Krankheit, an welcher Kolletschka gestorben, mit derjenigen Krankheit, an welcher ich so viele Wöchnerinnen sterben sah, anerkennen. (...) Die veranlassende Ursache der Krankheit bei Professor Kolletschka war bekannt, nämlich es wurde die Wunde, welche ihm mit einem Sektionsmesser beigebracht wurde, gleichzeitig mit Kadaverteilen verunreinigt. Nicht die Wunde, sondern das Verunreinigtwerden der Wunde durch Kadaverteile hat den Tod herbeigeführt. (...) Ich mußte mir die Frage aufwerfen: Werden denn den Individuen, welche ich an einer identischen Krankheit sterben sah, auch Kadaverteile in das Gefäßsystem eingebracht?«

Semmelweis muß nicht lange nachsinnen, um die grausige Wahrheit in ihrer vollen Bandbreite zu erkennen: Da das verantwortliche Klinikpersonal regelmäßig in Kontakt mit Leichen kam und trotz intensivem Händewaschen häufig ein »kadaveröser Geruch« haften blieb, konnte nur hier die wirkliche Ursache für die Übertragung der Infektion liegen.

Umgehend gibt der Ungar seinem Personal die Anweisung, die Hände vor den medizinischen Untersuchungen jeweils mit Chlorkalk zu desinfizieren. Mit Erfolg: Die Sterberate in seiner Abteilung fällt innerhalb kürzester Zeit von zuvor zwölf auf nur mehr zwei Prozent. Die Fachwelt mußte ebenfalls informiert werden, und so leitet Semmelweis seine Entdeckung an verschiedene Kollegen weiter, darunter auch Professor Ferdinand Hebra, Redakteur der »Zeitschrift der k.k. Gesellschaft der Ärzte zu Wien«.

Der akademische Spottgesang beginnt

1847 berichtet Hebra in der Dezemberausgabe seiner Publikation ausführlich über die epochale Entdeckung. In seinem Artikel »Höchst wichtige Erfahrungen über die Aetiologie der in Gebäranstalten epidemischen Puerperalfieber« ruft er die Fachwelt auf, »das Ihrige zur Bestätigung oder Widerlegung« der Beobachtungen von Semmelweis beizutragen.

Im April-Heft doppelt Hebra 1848 nach: »Diese so höchst wichtige, der Jennerschen Kuhpockenimpfung würdig an die Seite zu stellende Entdeckung hat nicht nur seither im hiesigen Gebärhause ihre vollständige Bestätigung erhalten, sondern es haben sich auch aus dem fernen Ausland beifällige Stimmen erhoben, welche die Richtigkeit der Semmelweisschen Theorie beglaubigen. (...) Um jedoch dieser Entdeckung ihre volle Gültigkeit zu gewinnen, werden hiermit alle Vorsteher geburtshilflicher Anstalten freundlichst ersucht, Versuche anzustellen und die bestätigenden oder widerlegenden Resultate an die Redaktion dieser Zeitschrift einzusenden.«

So weit, so gut. Semmelweis – obwohl inzwischen aufgrund interner Querelen seiner Assistentenstelle ledig – vertraut dem gesunden Menschenverstand und sieht optimistisch einem sicheren wissenschaftlichen Sieg entgegen. Ja, er hält es in den folgenden Jahren nicht einmal mehr für notwendig, in größerem Rahmen auf seine Entdeckung aufmerksam zu machen, sondern er geht lediglich daran, sie durch weitere Untersuchungen in alle Richtungen hin abzusichern. Eine Taktik, die fatale Folgen haben sollte.

Tatsächlich läßt der wissenschaftliche Durchbruch nämlich nicht nur auf sich warten, er bleibt vielmehr gänzlich aus. Statt mit Lob und Anerkennung reagiert ein Großteil der Ärzteschaft höchst empört. Die Vorstellung, man selbst sei für die Ursache der tragischen Todesfälle verantwortlich, scheint den medizinischen Fachleuten geradezu absurd. Statt dessen stimmen sie einen höhnischen Spottgesang über ihren Kollegen an, der sich fortan einer Welle von Gelächter und Kritik ausgesetzt sieht.

Auch Semmelweis' brillanten Ausführungen vor der Wiener Ärztegesellschaft am 15. Mai 1850, wo er die Argumente seiner Widersacher Punkt für Punkt zu widerlegen vermag und bedeutende Mediziner für seine Überlegungen gewinnen kann, helfen wenig. Noch und noch publizieren die Gegner des ungarischen Arztes »wissenschaftliche« Begründungen für die Richtigkeit ihrer »Widerlegungen«.

Besonders eifrig in Szene setzen sich der Prager Professor E W. Scanzoni sowie Kiwisch von Rotterau, Professor für Geburtshilfe in Würzburg. Während für Scanzoni die Ursache des Kindbettfiebers »in einer Entartung der Blutkörperchen, bei der das Gleichgewicht der Bestandteile der Blutflüssigkeit gestört wird« liegt, nagelt Rotterau »atmosphärische Einflüsse« als verantwortlichen Auslöser fest.

1855 macht sich in Wien ein angesehener Professor gar die Mühe, Dutzende der damals in der Fachwelt kursierenden Hypothesen über den Ursprung des Kindbettfiebers zusammenzustellen. Wir finden dort so haarsträubende Erklärungsversuche wie »Gefühlswallungen«, »Diätfehler«, »das lange Dursten«, »zu warme Räume«, »Erkältungen« oder »die dumpfige Luft«. Nicht genug damit: Mit seinen Spekulationen über »zu hohe Fensterbretter« setzt sich der Fachmann selbst die Narrenkappe auf.

»Man könnte Bände darüber schreiben, welch absurde Theorien der Ursache des Kindbettfiebers erfunden wurden, nur um dem Budapester Professor zu opponieren und ihn zum Schweigen zu bringen«, schreibt der Semmelweis-Biograph Robert Kertesz 1943 und weist seinerseits auf die Ergebnisse einer medizinischen Kommission der Pariser Universität zum gleichen Gegenstand hin: »Professor Auber gab einen zusammenfassenden Bericht: Die 13 Sachverständigen hatten dreizehnerlei Meinungen geäußert. Von Fieber herbeiführender purulenter Diathese, von Blutkrasen, von Chylus albuminosus sprachen sie, fanden für die Ursache des Kindbettfiebers die klangvollsten Fachausdrücke und waren sich nur in einem einzigen Punkt einig: Einstimmig verwarfen sie die Lehre Semmelweis'.«

Jenner und Harvey lassen grüßen

Dem Ungarn wird ob der nicht enden wollenden Angriffen aus der Fachwelt allmählich unwohl. Immer öfter erinnert ihn sein Kampf um wissenschaftliche Anerkennung an die Leidensgeschichte seiner Fachkollegen Edward Jenner (1749-1823) und William Harvey (1578-1657).

Jenner war es 1796 als erstem Mediziner überhaupt gelungen, eine wirksame Impfung gegen das Pockenleiden vorzulegen. Den entscheidenden Hinweis erhielt der Brite durch die wegweisende Beobachtung, daß Patienten, die an der erheblich harmloseren Kuhpockenkrankheit litten, offensichtlich eine Immunität gegen Windpocken entwickelten.

Unverzüglich hatte Jenner einen Bericht über seine spektakuläre Entdeckung an die Royal Society in London gesandt. Doch Sir Joseph Banks, Präsident der illustren Vereinigung, winkte uninteressiert ab, ja er legte dem enttäuschten Mediziner gar gutmütig nahe, seinen wissenschaftlichen Ruf nicht weiterhin mit derlei provozierenden Aussagen zu ruinieren. So mußte der englische Arzt seine Schrift auf eigene Kosten drucken und verbreiten lassen, und es sollte in der Folge Jahre dauern, bis Jenners Kollegen die Tragweite seiner Entdeckung endlich in ihrer vollen Bandbreite begreifen sollten. Jahre, die geprägt waren von heftigsten Diskussionen und Auseinandersetzungen innerhalb der wissenschaftlichen Gemeinschaft.

Auch Jenners Landsmann William Harvey, dem Entdecker des Blutkreislaufes, war es nicht viel besser ergangen. Sein 1628 publiziertes Werk über die »Bewegung des Herzens und des Blutes«, eine bescheiden aufgemachte Broschüre, ließ die Fachwelt ähnlich erzittern wie Jenners Entdeckung, denn Harvey wandte sich damit gegen die bis dahin geltende Lehre Galens, wonach Venen und Arterien zwei unabhängige Blutarten durch den menschlichen Körper transportierten.

Bezeichnenderweise mußten sich Doktoratskandidaten der Universität Bologna noch 1650 schriftlich von Harveys Kreislauflehre distanzieren. Aber auch anerkannte medizinische Kapazitäten sprachen sich reihenweise gegen die neuen Erkenntnisse aus. »Wir haben uns dafür einzusetzen«, hielt etwa Jean Riolan der jüngere, ein berühmter französischer Arzt, in strengem Ton fest, »daß die Heilkunde Galens wohlbehütet und unversehrt bestehen bleibt, und zwar sowohl im physiologischen Bereich, in der Blutbildungslehre, wie auch in ihrer Krankheitslehre.«

Offener Schlagabtausch

Seit den Veröffentlichungen Jenners und Harveys waren viele Jahrzehnte ins Land gezogen. Man hätte also meinen können, daß die Mediziner ihre Lehren aus den voreiligen Schlüssen ihrer Vorgänger gezogen hatten. Das denkt sich schließlich auch Ignaz Semmelweis, und so veröffentlicht er sein bahnbrechendes Werk über die Ursachen des Kindbettfiebers im Jahre 1861 doch noch.

Aber es ist wie verhext: Anstatt mit dieser Schrift endlich den so sehnlich erwarteten wissenschaftlichen Durchbruch auf dem Gebiet des Kindbettfiebers zu erreichen, mobilisiert seine Veröffentlichung nur noch mehr Gegner.

Semmelweis' Enttäuschung ist grenzenlos. Wütend beginnt der in seinem Heimatland mittlerweile zum Professor avancierte Arzt zum großen rhetorischen Gegenschlag auszuholen. Aufgebracht stürzt er sich mit letzter Energie und Lebenskraft in die hitzigen Debatten. 1862 formuliert er einen 92 Seiten starken »Offenen Brief an sämtliche Professoren der Geburtshilfe«, in welchem er seine Kollegen noch einmal voller Verzweiflung davon abzubringen versucht, mit ihren veralteten Hygienemethoden weiterhin den Tod von Tausenden von Wöchnerinnen zu verschulden:

»Wer trägt denn die Schuld, daß das Kindbettfieber in den 15 Jahren nach Entdeckung der Verhütungslehre noch immer Verheerung anrichtet? Niemand anders als die Professoren der Geburtshilfe ... Mehrere Professoren der Geburtshilfe haben die von mir entdeckte Wahrheit erkannt, selbst mit Erfolg beobachtet, was die in ihren Gebärhäusern verminderte Sterblichkeit beweist, sind aber nicht redlich genug, das auch öffentlich anzuerkennen. Sollten sich die Professoren nicht baldigst dazu bequemen, ihre Schüler in meiner Lehre zu unterrichten, so werde ich mich an das hilfsbedürftige Publikum wenden. Ich werde sagen: Du, Familienvater, weißt du, was das heißt, einen Geburtshelfer oder eine Hebamme zu deiner Frau zu rufen? Das heißt so viel, als deine Frau und dein noch ungeborenes Kind einer Lebensgefahr auszusetzen!«

Semmelweis landet in der Irrenanstalt

Im August 1865 melden die Zeitungen Semmelweis' Tod. Was war geschehen? Folgt man den offiziellen Angaben, dann war Semmelweis ob seiner ergebnislosen Mission allmählich wahnsinnig geworden und kurz darauf in ei-

ner Wiener Nervenheilanstalt an den Folgen einer kleinen Schnittwunde verschieden, welche er sich vor seiner
Einlieferung zugezogen hatte.

Nicht zufrieden mit dieser Version war der ungarische
Arzt Georg Sillo-Seidl. Seinen 1977 veröffentlichten Recherchen verdanken wir es, daß wir heute zumindest in
Ansätzen die Wahrheit über die damaligen Vorfälle erfahren haben.

Was Sillo-Seidl von Anfang an störte, waren die
äußerst widersprüchlichen Angaben, die nach Semmelweis' Tod in der Öffentlichkeit kursierten. Weder über die
Klinik, in der er verstorben war, noch über die genaue
Todesursache herrschte Einigkeit. Nicht einmal der genaue Todestag war bekannt! Darüber hinaus zitierte die
Literatur unterschiedliche Sektionsprotokolle und wider-
sprüchliche Diagnosen.

Verständlich werden diese Widersprüche durch die
hartnäckige Weigerung der Wiener Behörden, Semmelweis' Krankengeschichte Interessenten für eine wissenschaftliche Untersuchung zugänglich zu machen. Ganz
offensichtlich hatte kein einziger Semmelweis-Forscher je
die fraglichen Seiten einsehen können, und so verließen
sich die Medizinhistoriker ganz einfach auf bereits vorhandene Sekundärquellen, die aber fast ausschließlich
mit dem Makel behaftet waren, erst viele Jahre nach dem
Tod Semmelweis' abgefaßt worden zu sein.

Es brauchte eine gesunde Portion Hartnäckigkeit und
viel detektivischen Spürsinn seitens Sillo-Seidls, um die
verworrenen Handlungsstränge zu entwirren. Unermüdlich schrieb er Briefe an die zuständigen Behörden, führte Interviews und verbrachte viele Tage in staubigen Uni-
versitätsarchiven.

Schon dachte er entmutigt daran, seine Suche aufzu-
geben, als es plötzlich doch noch soweit war: Als erster
Außenstehender überhaupt hielt er nach langen journa-

listischen Irrwegen die ominöse Krankengeschichte in seinen Händen, und so gelang es ihm in der Folge, mit vielen Gerüchten und unwahren Behauptungen aufzuräumen, die zuvor um die Welt gegeistert waren.

Ein Komplott?

Beim Sondieren der Akten fiel Sillo-Seidl vor allem einmal auf, wie unfundiert die ärztliche Diagnose offenbar gewesen war: Die angeblichen Symptome für Semmelweis' Geisteskrankheit waren äußerst vage und für die Begründung einer psychiatrischen Zwangseinweisung absolut unzureichend.

Immer deutlicher zeichnete sich vor den Augen des findigen Arztes das Bild eines regelrechten Komplotts ab: Semmelweis sorgte mit seinen revolutionären Erkenntnissen für Unruhe und Unbehagen in der Fachwelt. Die Heftigkeit, mit der er seine Gegner als »Mörder« beschimpfte, und sein kompromißloses Auftreten im Namen der Wahrheit gingen den Kollegen zu weit. Es mußte gehandelt werden. Semmelweis' Anzeichen von Müdigkeit und Erschöpfung kamen da mehr als gelegen.

Zugegeben, endgültig beweisen läßt sich Sillo-Seidls Hypothese nicht, und einigen mag sie vielleicht etwas gar abenteuerlich erscheinen. Tatsache aber ist, daß Semmelweis nach der Veröffentlichung seines Buches unter Vorspiegelung falscher Tatsachen in eine Nervenheilanstalt gelockt wurde, wo er alsbald an einer Blutvergiftung verschied.

Wie Sillo-Seidl aufgrund seines Quellenstudiums vermutet, dürfte die infizierte Wunde, die ihm dabei zum Verhängnis wurde im Gegensatz zu bisherigen biographischen Angaben erst durch seine wutentbrannte Rangelei mit den Anstaltswächtern entstanden sein. Denn Semmelweis hatte an den vergitterten Fenstern natürlich bald erkannt, wo er sich befand. Und als er kurz darauf versuchte, seinem Gefängnis zu entkommen, war es zu einem unerbittlichen Handgemenge gekommen.

Das skandalöse Vorgehen der zuständigen Betreuer wiegt um so schwerer, als man sich ganz offensichtlich kaum noch um den Schwerverletzten zu kümmern schien. Sillo Seidl: »Kein Hinweis, daß ein Chefarzt je irgendeine Anweisung gab oder eine Untersuchung vornahm. Offenbar wollte niemand eine Verantwortung übernehmen. Daß nirgends der Name eines Arztes erscheint, ist ein zu augenfälliger Mangel in der Krankengeschichte!«

Der Fachwelt sollte es recht sein. Man war den unbequemen Querdenker endlich los.

Lister bringt die Wende

Kurze Zeit nach Semmelweis' Tod tritt der britische Chirurg Joseph Lister (1827-1912) in Erscheinung. Er veröffentlicht 1867 eine Arbeit, in der er – in Unkenntnis der Arbeiten seines Kollegen – zu den gleichen Schlüssen wie der Ungar gelangt. Auch Lister ordnet unverzüglich an, Hände und Operationswerkzeuge vor chirurgischen Eingriffen einer desinfizierenden Reinigung zu unterziehen, und im Gegensatz zu Semmelweis hat er mit seinem Appell mehr Erfolg.

Die meisten Lexika stellen uns Joseph Lister heute als Begründer der »Antisepsis« (der Lehre von der Abtötung von Infektionserregern in Wunden oder an Instrumenten) vor. Eine Aussage, die eigentlich schnellstens korrigiert werden müßte, um so mehr, als der italienische Professor G. P. Arcieri in einer 1967 neu aufgelegten

Publikation festhielt, daß der Italiener Enrico Bottini (1835-1903) Lister ebenfalls zuvorgekommen war. Bottini hatte seine Gedanken bereits 1866 schriftlich festgehalten, also genau ein Jahr vor Lister. Gedanken, die mit denen seines Kollegen im großen und ganzen identisch waren.

Kein Einzelfall

Semmelweis' Leidensweg ist kein historischer Einzelfall, und wer glaubt, die akademische Ignoranz gegenüber neuen medizinischen Entdeckungen beschränke sich ausnahmslos auf vergangene Jahrhunderte, der irrt sich gewaltig. So berichtete etwa »Der Spiegel« 1994 über Lawrence Craven, dem Ähnliches widerfahren war:

»Daß Aspirin die Blutgerinnung hemmt, war – ein halbes Jahrhundert nach seiner Markteinführung – als erstem Doktor dem praktischen Arzt Lawrence L. Craven in Kalifornien aufgefallen. Der Medicus beobachtete, wie lange die Nachblutungen dauerten, wenn er seinen Patienten die vergrößerten Mandeln ausgeschält hatte. Nahmen die Operierten das beliebte Schmerzmittel Aspirin (ASS), verlängerte sich die Blutungszeit beträchtlich. Ohne Aspirin stand die Blutung bald.

Cravens Konsequenz: Von 1950 an verordnete er seinen Herzinfarktkandidaten vorsorglich regelmäßig Aspirin. Das Blut sollte dünnflüssig werden, damit es auch verengte Stellen des gefährdeten Herzkranzgefäßes ohne die gefürchtete Gerinnselbildung, die den Infarkt bewirkt, passieren kann. Später erweiterte der Arzt seine ASS-Prophylaxe auch auf Patienten, denen ein Schlaganfall drohte; beides mit gutem Erfolg.

Wie es sich gehört, publizierte der Akademiker seine Erfolge in einem Ärzteblatt – doch niemand nahm Notiz

davon. So starb, 1956, die ASS-Therapie der Gefäß-
leiden, kaum entdeckt, gleich wieder aus. 33 Jahre später kam Craven zu spätem Ruhm. Denn nun empfahl
auch das angesehene American College of Chest Physi-
cians die deutsche Droge und zwar genau in der gleichen
Dosierung, wie sie der kalifornische Praktiker gewählt
hatte ...«

Freuds Thesen: »Eine Sache für die Polizei«

Sigmund Freud (1856-1939), der österreichische Psychia-
ter und Neurologe, ist ein weiterer Wissenschaftler, der
nach der Veröffentlichung seiner Thesen heftige Widerstände aus Fachkreisen erfahren muß. Ernest Jones, ein
enger Vertrauter Freuds, legte 1962 eine vielbeachtete
Biographie über den Begründer der Psychoanalyse vor.
Detailliert dokumentiert er dort, welche rüden Attacken
die Fachwelt vor dem Ersten Weltkrieg gegen Freud ritt.
Hier einige Beispiele:
– Gustav Aschaffenburg hält auf einem im Mai 1906
in Baden-Baden abgehaltenen Symposium fest, daß
»Freuds Methode in den meisten Fällen falsch, in vielen
Fällen nicht einwandfrei und in allen überflüssig« sei.
– Boris Sidis wettert auf der Jahresversammlung der
Amerikanischen Psychologischen Vereinigung im De-
zember 1909 in Baltimore ebenfalls gegen Freuds Werk
und spricht von einer »verrückten Epidemie des Freudis-
mus, die sich jetzt in Amerika ausbreitet«.
– Am Kongreß deutscher Neurologen und Psychia-
ter, der 1910 in Hamburg stattfindet, schlägt Professor
Wilhelm Weygandt, Geheimer Medizinalrat, zornig mit
der Faust auf den Tisch und erklärt hitzig, Freuds Thesen
seien »kein Diskussionsthema für eine wissenschaftliche
Versammlung, sondern Sache der Polizei«.

– Professor H. Oppenheim, ein bekannter Neurologe, veröffentlicht am 12. Juli 1909 in der »Berliner Klinischen Wochenschrift« einen Artikel, in welchem er Freuds Arbeiten als eine »moderne Form des Hexenwahns« abkanzelt.

– Am 4. April 1912 diffamiert der Neurologe Allen Starr Freud vor der neurologischen Sektion der New Yorker Akademie für Medizin aufgrund seiner Sexualhypothesen als »Wiener Wüstling«.

Freud selbst äußerte sich in seinen Schriften an mehreren Stellen zu den Reaktionen seiner Kritiker – wenngleich auch meistens indirekt. »Im wissenschaftlichen Betrieb«, so hielt er etwa 1925 fest, »sollte für die Scheu vor Neuem kein Raum sein. In ihrer ewigen Unvollständigkeit und Unzulänglichkeit ist die Wissenschaft darauf angewiesen, ihr Heil von neuen Entdeckungen und neuen Auffassungen zu erhoffen.«

Eine skeptische Grundhaltung sei zwar durchaus legitim, dennoch offenbare dieser Skeptizismus mitunter zwei unvermutete Charaktere: »Er richtet sich scharf gegen das Neuankommende, während er das bereits Bekannte und Geglaubte respektvoll verschont, und begnügt sich damit zu verwerfen, auch ehe er untersucht hat. Dann enthüllt er sich aber als die Fortsetzung jener primitiven Reaktion gegen das Neue, als ein Deckmantel für deren Erhaltung.«

Nichts dazugelernt

Daß die Mediziner bis heute kaum etwas aus den Feststellungen ihres berühmten Kollegen gelernt haben, zeigt sich am Beispiel des australischen Arztes Barry Marshall. Dieser hatte es in den achtziger Jahren gewagt, einen direkten Zusammenhang zwischen Bakterien und dem

Auftreten von Magengeschwüren zu propagieren. Damit stellte er die damals vorherrschende Lehrmeinung in Frage, wonach psychische und ernährungsbedingte Faktoren die Ursache der Geschwüre seien.

Wieder einmal geisterten Aufschreie des Entsetzens durch die Fachwelt, galt es doch als erwiesen, daß Bakterien im Magen nicht den Hauch einer Überlebenschance besäßen. Die berühmte Fachzeitschrift »Lancet« lehnte es denn auch ab, Marshalls Studien zu veröffentlichen.

Der Australier ließ sich davon nicht entmutigen. Er siedelte das Bakterium, das er in den entzündeten Gewebeproben seiner Patienten entdeckt hatte (es wurde inzwischen mit der Bezeichnung *Helicobacter pylori* versehen), in speziellen Nährböden an und brachte es mit Wismut in Verbindung. Das Wismut vernichtete die Bakterien. Die Sache hatte allerdings einen Haken, denn sie funktionierte nur im Labor zufriedenstellend. Viele der Patienten, deren Magengeschwüre mit Wismut behandelt wurden, litten längerfristig gesehen an Rückfällen.

Eher zufällig entdeckte Marshall, daß nur eine Kombination von Wismut und Antibiotika die Leiden seiner Patienten endgültig zum Verschwinden brachte. Ganz offensichtlich mußte es einem Teil der Bakterien also möglich sein, sich in der Magenschleimhaut einzunisten, wo sie sich – vom Wismut unerreicht – problemlos vermehren konnten. Erst die ergänzende Behandlung mit Antibiotika eliminierte die Mikroben (und damit auch die aus ihrer Aktivität resultierenden Geschwüre) definitiv.

Im September 1983 trug Marshall seine Erkenntnisse auf einer internationalen Konferenz von Mikrobiologen in Brüssel vor. Die Rahmenbedingungen waren alles andere als optimal: Da stand ein namenloser, junger Arzt vor weltberühmten Koryphäen der medizinischen Fachwelt und wollte sie mit viel Enthusiasmus für eine Entdeckung begeistern, die sich mit ihrem gesunden Menschenverstand nicht vereinbaren ließ. Die Reaktion der Anwesenden fiel dementsprechend aus: Während einige nur spöttisch schmunzelten, verliehen andere ihrem Unmut über Marshalls Referat lautstark Ausdruck.

Unter den Zuhörern befand sich unter anderem Dr. Martin Blaser, Direktor der Division of Infectious Diseases an der Vanderbilt University School of Medicine. »Ich glaubte, dieser Typ sei ganz einfach verrückt«, umschrieb er seine damalige Reaktion zehn Jahre später gegenüber Journalisten der Zeitschrift »The New Yorker«. Ausgerechnet im Magen sollten die Bakterien überleben? Für Monate oder sogar Jahre? Es war doch bekannt, daß gerade der menschliche Magen darauf ausgerichtet ist, Bakterien abzutöten?!

Auch Dr. David Y. Graham vom Veterans Affairs Medical Center in Houston konnte sich noch gut an seine damalige Reaktion erinnern: »Da war ein verrückter Kerl, der wilde Behauptungen in die Welt setzte. Es schien mir, als ob er gerade daran war, die Forschungsarbeit auf diesem Sektor um Jahre zurückzuwerfen. Immerhin ließen sich seine Behauptungen überprüfen, es war also nicht allzuschwer herauszufinden, ob er wirklich recht hatte.« Und Marshall hatte recht: Seit einigen Jahren wird der Australier von der Fachwelt Schritt für Schritt rehabilitiert. Im September 1995 wurde er in New York gar mit dem Lasker-Award ausgezeichnet, einer Ehrung, die in medizinischen Kreisen in etwa den Status des Nobelpreises genießt.

Selbst Marshalls ehemalige Kritiker halten inzwischen mit Lob nicht mehr zurück. Dr. Martin Blaser rückblickend: »Er besaß sicherlich nicht die Wissenschaftlern angemessene Zurückhaltung. Aber – das muß ich ihm zugute halten – er hatte eine visionäre Sicht der Dinge. Und die braucht es in unserem Sektor einfach – verbunden natürlich mit der wissenschaftlichen Exaktheit.«

Bleibt vielleicht noch nachzutragen, daß die Kunde über Marshalls Anerkennung bisher kaum bis in den deutschen Raum vorgedrungen zu sein scheint. Nach wie vor doktern hier die meisten Ärzte mit Säurehemmern an den Syndromen ihrer Patienten herum, anstatt den Geschwüren mit Hilfe der Marshallschen Therapie den Garaus zu machen.

Doch es gibt auch Lichtblicke: So räumte etwa Professor Wolfgang Rösch 1996 auf einer Veranstaltung der deutschen Bundesapothekerkammer im italienischen Meran offen ein, daß Magengeschwüre jahrelang falsch behandelt worden seien. Gleichzeitig stellte er einen antibiotikafreien Impfstoff gegen die Helicobacter-Plage in Aussicht, der derzeit mit erfolgversprechenden Resultaten getestet würde. Für Rösch ist es darum nur noch eine Frage der Zeit, bis die lästigen Geschwüre endgültig von der medizinischen Bildfläche verschwinden werden.

2

Von der Wirklichkeit eingeholt

Physikalische Lehrmeinungen im Wandel der Zeit

>»Das Ende der Physik ist schon häufig vorherge-
sagt worden, und die vermutlich bekannteste Fehl-
prognose dieser Art geht auf einen Lehrer von
Max Planck zurück, der seinem berühmtesten Studenten im ausgehenden 19. Jahrhundert davon
abriet, Physik zu studieren, weil in dieser Wissenschaft nur noch ein paar wenige Probleme
vorhanden seien, die sich den Theorien noch nicht
recht fügten, die man aber bald in den Griff
bekommen werde.«

ERNST PETER FISCHER, Wissenschaftshistoriker

Newton zettelt eine Revolution an

Mir selber komme ich vor wie ein Knabe, der am
Meeresufer spielt und sich damit belustigt, daß er
dann und wann einen glatteren Kiesel oder eine schöne-
re Muschel als gewöhnlich findet, während der große
Ozean der Wahrheit unerforscht vor ihm liegt.«

Diese Worte stammen von dem großen englischen Gelehrten Isaac Newton (1643-1727), der die klassische theoretische Physik begründete und heute in einem Atemzug
mit Größen wie Max Planck oder Albert Einstein genannt wird. Ohne die physikalische Revolution, die er zu
Lebzeiten entfachte, wäre die moderne Atomforschung

undenkbar gewesen, und so sprechen noch heute viele Gelehrte seinen Namen mit einer gewissen Ehrfurcht aus.

Newton war ein ausgesprochen neugieriger Mensch. Besonders fasziniert hatte ihn seit jeher die Suche nach der Natur des Lichtes, ein Aspekt, dem er einen großen Teil seiner Forschungen widmete. Oft saß er bis in die frühen Morgenstunden im Labor und brütete über seinen Skizzen und Berechnungen.

Eines Tages kommt Newton die Idee, gebündelte weiße Lichtstrahlen durch ein Prisma an eine gegenüberliegende Wand zu projizieren. Unverzüglich setzt er sein Vorhaben in die Tat um, und zu seinem großen Erstaunen tummeln sich an der Wand alsbald eine Vielzahl verschiedenster Farben, die sich – nach Durchlaufen eines zweiten, verkehrt stehenden Prismas – wieder zu einem weißen Strahl formieren.

Aufgrund dieser Beobachtung, die ihn annehmen läßt, daß weißes Licht aus zahllosen Farbkomponenten besteht, formuliert Newton seine Theorie vom Lichtspektrum. Er wendet sich damit gegen die vorherrschende Lehrmeinung, die in den Farben eine »Mischung zwischen Licht und Finsternis« sieht, oder anders gesagt, die Farben auf »Verunreinigungen weißen Lichtes durch materielle Substanzen« zurückführt.

Zehn kritische Abhandlungen

Newtons optische Erkenntnisse werden nicht mit großer Begeisterung aufgenommen. Schon 1672, als er seine Entdeckung erstmals wissenschaftlich publiziert, hält er diesen Sachverhalt gegenüber Henry Oldenburg, dem Sekretär der Royal Society, entmutigt fest: »Ich hatte den Gedanken, eine andere Abhandlung über die Farben zu schreiben, um sie in einer Ihrer Versammlungen vorzutragen. Doch finde ich es wider meine Neigung, für diesen Gegenstand nochmals die Feder auf das Papier zu setzen.«

Tatsächlich erscheinen in den »Philosophical Transactions«, dem Publikationsorgan der Royal Society, in den folgenden Jahren ganze zehn kritische Abhandlungen aufgebrachter Experten. Allesamt opponierten die gelehrten Herren dort gegen Newtons Überlegungen. Für den Newton-Spezialisten Casper Hakfoort von der Universität Twente (Niederlanden) ein eindeutiges Zeichen des streitbaren, wenn nicht sogar revolutionären Charakters von Newtons Ansichten: »Wenn wir uns selbst in die Lage eines kompetenten Naturwissenschaftlers des Jahres 1672 versetzen könnten, der mit Newtons Aufsatz konfrontiert war, so würden wir wahrscheinlich die gleiche Gereiztheit und Verwirrung erfahren wie die renommierten Wissenschaftler. (...) Sie erlebten einen jungen, unbekannten Gelehrten aus Cambridge, der stolz mit einer Handvoll skizzenhaft beschriebener Experimente die altehrwürdige Modifikationstheorie der Farben zurückwies.«

1704 stellt Newton unter dem Titel »Optics or a Treatise of the Reflections, Refractions, Inflections and Colours of Light« eine revidierte, ergänzte und erweiterte Neufassung seiner optischen Studien vor. Die Kernaussage bleibt die gleiche. Das hindert den berühmten Dichter Johann Wolfgang von Goethe (1749-1832) freilich nicht daran, in seiner berühmt-berüchtigten »Farbenlehre« (Kritiker zählen diese Abhandlung zu den schlechtesten Werken des Meisters) in gehässigem Ton gegen Newtons Ideen zu poltern.

Sicherlich: Newtons Abhandlung über die Optik enthielt Schwächen, und Goethe hatte einige davon treffend erkannt. Dennoch lag er mit seiner Kritik prinzipiell falsch, wenngleich verschiedene Autoren heute darauf aufmerksam machen, daß die beiden wohl von äußerst verschiedenen Denkansätzen ausgingen und sich so in logischer Konsequenz gar nie finden konnten.

In einem Punkt irrte sich Newton allerdings klar, nämlich dort, wo er die Bewegung des Lichtes nicht als Wel-
lenbewegung sah, sondern vermutete, daß Licht aus Teilchen, sogenannten »Lichtkorpuskeln«, bestünde.

Die Farce mit dem Äther

Die Korpuskel-Theorie Newtons kann sich lange Zeit erfolgreich behaupten, doch mit den einherziehenden Jahrzehnten werden immer mehr Erscheinungen beobachtet, die ihr widersprechen. Um 1800 kann die Korpuskel-
Existenz durch den britischen Physiker Thomas Young
(1773-1829) definitiv ad acta gelegt werden: Young und
seine Nachfolger weisen experimentell nach, daß sich das
Licht in Wellen fortbewegt. Damit rehabilitierten sie den
Niederländer Christiaan Huygens (1629-1695), der diese
Anschauung ebenfalls vertreten hatte, sich aber zu Lebzeiten nicht genügend Gehör verschaffen konnte.

Bald nach der Entdeckung des Wellencharakters beginnen die Physiker sorgenvoll nach einem Stoff Ausschau
zu halten, der für die Schwingung des Lichts verantwortlich gemacht werden konnte. Schließlich greifen sie auf
die Annahme eines »Weltäthers« zurück, um die Wellen-
bewegung wissenschaftlich gesehen hoffähig zu machen.
Die Physiker definieren den Äther dabei als unendlich
feines Medium, welches alle Stoffe zu durchdringen vermag and gleichsam das ganze Weltall ausfüllt, womit sie
geschickt ihr mechanistisches Weltbild retteten, das ohne
die Äther-Annahme hilflos zusammengebrochen wäre. In
logischer Konsequenz geraten Werke über den Äther zur
Pflichtlektüre an den Universitäten, obwohl dessen Existenz experimentell nicht nachgewiesen werden konnte.

Der Wissenschaftspublizist William C. Vergara: »Die
Erfindung und das Verschwinden des Welt- oder Licht-

äthers ist ein hervorragendes Beispiel für eine wissenschaftliche Hypothese. Sie dient dazu, Vorgänge zu erklären, für die man sonst keine Deutung weiß. Aber sie ist nur so lange gültig, bis ein kluger Mann kommt, der dieser Arbeitshypothese nicht mehr bedarf und sie durch seine neuen Erkenntnisse über Bord wirft.«

Einstein geht neue Wege

Albert Einstein (1879-1955), der geniale Denker, ist es, der die Ätherhypothese durch seine wegweisenden Entdeckungen zu Beginn dieses Jahrhunderts vom Sockel katapultiert. Einstein, ein junger Beamter, der damals im schweizerischen Patentamt von Bern noch brav Routinearbeiten erledigte, stellt seine »Spezielle Relativitätstheorie« 1905 im Rahmen eines Artikels in den »Annalen der Physik« erstmals dem Fachpublikum vor. Wenige Jahre später formuliert er seine berühmte Formel $E = mc^2$. 1915 folgt die »Allgemeine Relativitätstheorie«.

Selbstverständlich regt sich auch diesmal nicht unbedeutender Widerstand, denn das neue Gedankengut widersprach der mechanistischen Weltanschauung Newtons insofern, als es dessen Überlegungen nur noch als Spezialfall anderer Gesetze gelten ließ. Dennoch muß die physikalische Fachwelt der Einsteinschen Theorie ihre Relevanz mit den einherziehenden Jahren neidlos zugestehen.

Der entscheidende Punkt von Einsteins Gedanken lag in der Abkehr vom Konzept einer absoluten Zeit. Als erster machte er sich Gedanken darüber, was physikalisch gesehen unter dem Begriff der Gleichzeitigkeit zu verstehen ist. Bisher hatte man die Existenz einer absoluten Zeit angenommen, die diese Gleichzeitigkeit universell definierte. Einstein aber sprach sich gegen diese Vorstellung aus, da es nicht gelungen war, diese experimentell nachzuweisen.

Der Ausnahmedenker definierte einen neuen, physikalisch meßbaren Gleichzeitigkeitsbegriff, der nicht mehr absolut zu verstehen war, sondern relativ vom gewählten Bezugssystem abhing. Damit stieß er in gedankliche Räume vor, die vor ihm noch niemand je betreten hatte. Zumindest nicht nach gängiger wissenschaftsgeschichtlicher Auffassung. 1995 veröffentlichte Hans-Joachim Ehlers, Herausgeber der Zeitschrift »Raum und Zeit«, nämlich einen Leserbrief von Gustav Luther, der Einstein indirekt des Ideenklaus bezichtigt. Der Leser möge selbst entscheiden, was er von den folgenden Zeilen hält. Eine gründliche Recherche wäre die Sache auf alle Fälle wert: »Im Archiv des Rathauses von Marosvasahely (heute Tigru Mures) in Siebenbürgen steht ein Dossier leer. Es fehlen seit 1911 die umfangreichen Manuskripte von Vater und Sohn Bolyai (Farka B., ungarischer Mathematiker, und dessen Sohn Johann B., Ingenieuroffizier und Entwickler der ersten Sätze der nichteuklidischen Geometrie). Nach einer in dem Dossier vermerkten Notiz seien die Manuskripte unter dem Gesichtspunkt der Relativität geschrieben und von einem jungen Mann namens Einstein ausgeliehen worden. Dieser hätte jedoch bis heute vergessen, sie zurückzugeben. (So die Darstellung des Archivverwalters Ladislaus Frentzi in der Zeitschrift ›A Nap Fiai‹, IX Jahrgang, Nr. 7-8, Juli/August 1971, S. 165.)«

Was bedeutet »komplementär«?

Seit den Zeiten Youngs, so hatte der berühmte deutsche Physiker Heinrich Hertz seine Kollegen noch 1889 auf der Versammlung der Gesellschaft Deutscher Naturforscher und Ärzte in Heidelberg beruhigt, wisse man, daß das Licht wellenartigen Charakter habe. »An diesen Dingen ist ein Zweifel nicht mehr möglich, eine Widerlegung dieser Anschauungen ist für den Physiker undenkbar. Die Wellentheorie des Lichtes ist, menschlich gesprochen, Gewißheit.«

Dennoch orientiert sich Einstein mit seiner Photonentheorie – 1921 wird er dafür mit dem Nobelpreis bedacht – eher an Newtons Korpuskel-Vorstellungen denn an Youngs Wellentheorie. Nach Einstein besteht das Licht nämlich aus Energiequanten, sogenannten Photonen. Eine Auffassung, welche viele seiner Berufsgenossen gehörig in die Zwickmühle geraten läßt.

Zur großen Erleichterung seiner Fachkollegen findet der Däne Niels Bohr (1885-1962) schließlich einen Ausweg aus dem Dilemma, indem er den Begriff der Komplementarität in die physikalische Begriffswelt einführt. »Dieser Ausdruck«, so erklärt uns Arnold Hildesheimer in seinem brillanten Lehrbuch »Die Welt der ungewohnten Dimensionen«, »sagt aus, daß die Natur auf dieselben Fragen verschiedene Antworten geben kann, je nachdem, in welcher Weise man die Frage an sie stellt, und diese verschiedenartigen Antworten der Natur sind nach Bohr nicht etwa Widersprüche, sondern im Gegenteil, sie ergänzen sich gegenseitig, und erst beide zusammen geben die Antwort auf das Wirken der Natur. Das Licht kann wie ein Korpuskel wirken oder wie eine Welle, je nachdem, welche Experimente du machst, aber es kann nie als beides gleichzeitig erscheinen.«

Die verkannte Doktorarbeit

Bohrs Komplementarität bildet ein wertvolles Puzzlestück in der 1900 von Max Planck (1858-1947) ins Leben gerufenen Quantentheorie. Planck gilt heute als einer der herausragendsten Physiker dieses Jahrhunderts, doch auch er war mit seinen unkonventionellen Gedanken in früheren Jahren so manches Mal angeeckt. Insbesondere seine 1879 an der Universität München eingereichte Doktorarbeit, die einige neue Erkenntnisse rund um den zweiten Hauptsatz der Thermodynamik enthielt, hatte seinerzeit mehrheitlich für kritische Kommentare gesorgt.

»Der Eindruck dieser Schrift in der damaligen physikalischen Öffentlichkeit war gleich Null«, schreibt Planck enttäuscht in einer autobiographischen Schrift, die 1948 – kurz nach seinem Tod – erstmals veröffentlicht wurde. »Von meinen Universitätslehrern hatte, wie ich aus Gesprächen mit ihnen genau weiß, keiner ein Verständnis für ihren Inhalt. Sie ließen sie wohl nur deshalb als Dissertation passieren, weil sie mich von meinen sonstigen Arbeiten im physikalischen Praktikum und im mathematischen Seminar her kannten. Aber auch bei den Physikern, welche dem Thema an sich näher standen, fand ich kein Interesse, geschweige denn Beifall. Helmholtz hat diese Schrift wohl überhaupt nicht gelesen, Kirchhoff lehnte ihren Inhalt ausdrücklich ab ...«

Es gehöre »mit zu den schmerzlichsten Erfahrungen« seines wissenschaftlichen Lebens, so Planck einige Passagen später, daß es ihm niemals gelungen sei, eine neue Behauptung, für deren Richtigkeit er einen vollkommen zwingenden, aber nur theoretischen Beweis erbringen konnte, zur allgemeinen Anerkennung zu bringen.

Und so stellt der große deutsche Denker mit einer gewissen Bitterkeit fest, daß sich eine neue wissenschaftliche Wahrheit normalerweise »nicht in der Weise durchzusetzen pflegt, daß ihre Gegner überzeugt werden und sich als belehrt erklären, sondern vielmehr dadurch, daß die Gegner allmählich aussterben und daß die heranwachsende Generation von vornherein mit der Wahrheit vertraut gemacht wird«.

»Tragisches Ereignis«

Beweggründe für diesen drastisch formulierten Schluß waren für Planck in erster Linie die tragischen Ereignisse rund um den österreichischen Physiker und Mathematiker Ludwig Boltzmann (1844-1906), der zeitlebens als wortstarker Verfechter der Atomtheorie auftrat – zurecht, wie sich später herausstellen sollte.

Das war zu jener Zeit nicht selbstverständlich, denn im Gegensatz zur Chemie, wo sich die Existenz der Atome Ende des 19. Jahrhunderts bereits durchgesetzt hatte, blieb die Atomtheorie damals für viele Physiker umstritten. Besonders der österreichische Physiker Ernst Mach (1838-1916) und der spätere deutsche Nobelpreisträger Wilhelm Ostwald (1853-1932) wandten sich entschieden gegen Boltzmanns Überlegungen.

Auch andere Entdeckungen des Österreichers sorgten unter den Experten für Gesprächsstoff. Der Basler Physiker Laro Schatzer erläuterte mir eine der damaligen Kontroversen: »Boltzmann brachte unter anderem als erster die Statistik und Dynamik makroskopischer Systeme (z. B. Molekülgas) miteinander in Zusammenhang. In seinem berühmten H-Theorem zeigte er, daß mit dem Prinzip des molekularen Chaos eine physikalische Größe existiert, die mit der Zeit anwachsen, niemals aber schrumpfen kann. Weil sich aber die Gleichungen der Newtonschen Mechanik bei rückwärts laufender Zeit nicht ändern, konnten sich die meisten Physiker mit seiner Entdeckung nicht anfreunden und bekämpften seine Aussagen energisch. Heutzutage wird akzeptiert, daß die Entropie (also das Maß der Unordnung) eine physikalische Größe ist, welche mit der Zeit wächst.«

Boltzmann erlebte den Durchbruch seiner Ideen nicht mehr: Krank und von schweren Depressionen geplagt, nahm er sich am 5. September 1906 das Leben. Der deutsch-amerikanische Physikochemiker George Cecil Jaffé kann deshalb nicht umhin zu ahnen, »daß die (…) wissenschaftliche Situation von dieser seiner Entscheidung nicht abgetrennt werden kann. Bei ohnehin depressiver Gemütsverfassung muß er (…) verspürt haben, daß die Entwicklung der Wissenschaft nicht im Begriff war, in die Richtung zu gehen, für die er sein ganzes Leben gekämpft hatte. (…) Boltzmanns Tod ist eines der wirklich tragischen Ereignisse in der Wissenschaftsgeschichte …«

Das Atom wird gespalten

Einsteins und Plancks Theorien bilden nach dem Durchbruch der Atomistik die theoretischen Grundpfeiler der modernen Atomphysik, wenngleich das Atom zu jener Zeit noch als absolut unteilbar angesehen wird.

1919 ist die Sensation perfekt, als dem britischen Physiker Ernest Rutherford (1871-1937) aller Skepsis zum Trotz die erste künstlich herbeigeführte Kernreaktion gelingt. Einen größeren Nutzen im Hinblick auf die Verwertung der dabei frei werdenden Energie schließt der große Gelehrte freilich noch 1933 auf einer Jahrestagung der British Association for the Advancement of Science kategorisch aus. Rutherfords trockener Kommentar: »Jeder, der in der Umwandlung der Atome eine neue Kraftquelle sucht, spricht kompletten Unsinn!«

Auch Ernst Zimmer bezieht sich auf Rutherford, wenn er in seinem 1934 erschienenen Fachbuch »Umsturz im Weltbild der Physik« ähnlich argumentiert (»… an die praktische Verwertung dieser Energie, die Fernerstehende schon so manches Mal prophezeit haben, ist in keiner Weise zu denken«), und auch der amerikanische Sprengstoffexperte und Stabschef Admiral William D. Leahy äußert sich gegenüber Präsident Harry S. Truman noch 1945 ebenso uneinsichtig.

Die Geschichte belehrt die zweifelnden Herren kurze Zeit später eines Besseren, als die erste Atombombe in Hiroshima Abertausende unschuldiger Zivilisten verbrennt und der Menschheit damit endgültig vor Augen führt, welche gigantischen, gleichzeitig aber auch zerstörerischen Kräfte während Jahrtausenden unbemerkt im Innern der Atome geschlummert haben.

Der offizielle amerikanische Bericht über den ersten Atombombenversuch vom 16. Juli 1945 vergegenwärtigt eindrücklich, wie schnell wissenschaftsgeschichtliche Formulierungen einen sarkastischen Klang annehmen können:

»Der erfolgreiche Übertritt der Menschheit in ein neues Zeitalter, das Zeitalter des Atoms, wurde (...) vor den Augen einer gespannten Gruppe von namhaften Gelehrten und Militärs vollzogen, die in den Wüsten von Neu-Mexiko als Zeugen der ersten Schlußresultate ihres Zwei-Milliarden-Dollar-Aufwands versammelt waren. Hier (...) wurde morgens um 5.30 Uhr die erste Atomexplosion von Menschenhand herbeigeführt, die überragende Leistung der Kernphysik. Verfinsterter Himmel, starker Regenguß und Blitze (...) steigerten die Dramatik des Erlebnisses. An einem Stahlturm befestigt, wurde eine revolutionäre Waffe, bestimmt, den Krieg, so wie wir ihn kennen, zu ändern oder aller Kriege Ende herbeizuführen, entladen, mit einer Wucht, die den Eintritt der Menschheit in eine neue physikalische Welt ankündigte. Der Erfolg war größer, als die optimistischsten Schätzungen vermutet hatten. Eine fabelhafte Großtat war vollbracht.«

Tatbestand: Menschenversuche

Wie vor einigen Jahren bekannt wurde, schreckten die amerikanischen Militärs im Zuge ihrer »fabelhaften Großtat« auch vor Menschenversuchen nicht zurück: Unter strengster Geheimhaltung ließen sie von 1945 bis 1947 Spitalpatienten ohne deren Wissen Plutonium einflößen, um dessen Wirkung auf den menschlichen Körper zu studieren!

Hochschwangeren Frauen wiederum wurde um 1950 radioaktives Eisen verabreicht. Makabres Ergebnis der von Dr. Paul Hahn (Vanderbilt-Universität) geleiteten Versuchsreihe: Die Neugeborenen wiesen eine höhere Krebsrate auf. Geistig behinderten Jungen einer Schule in Waltham (Massachusetts) schließlich wurde radioaktives Eisen und Calcium in die Cornflakes gemischt. Ihre Eltern hatten den Versuchen damals zwar zugestimmt, von der Beigabe radioaktiver Substanzen aber war nirgendwo die Rede gewesen.

Auf dieses düstere Kapitel in der amerikanischen Geschichte hat der amerikanische Kongreßabgeordnete Edward Markey aufmerksam gemacht. Bis 1986 recherchierte er 31 Humanexperimente, in deren Rahmen rund 700 Menschen als »nukleare Kalibrierungsgeräte« mißbraucht worden waren. Doch trotz Markeys Protestes hielten sich die amerikanischen Behörden lange Zeit bedeckt, ehe die Clinton-Administration 1993 endlich grünes Licht für interne Untersuchungen gab. Dazu war es allerdings auch höchste Zeit, denn den Strahlenforschern waren bei ihren Experimenten bis vor kurzem ganz offensichtlich kaum Grenzen gesetzt. Wie sonst ließe sich wohl rechtfertigen, daß amerikanische Gefangene noch zwischen 1963 und 1971 erhöhte Röntgendosen über ihre Geschlechtsteile ergehen lassen mußten, nur um den Effekt der Strahlung auf die Samenproduktion feststellen zu können?!

Glenn T. Seaborg, Professor für Chemie und Nobelpreisträger, sieht die Sache seinerseits nicht so eng. In einem 1995 im »Skeptical Inquirer« veröffentlichten

Aufsatz gibt er zu bedenken, daß die Forscher seinerzeit durchaus »im Rahmen der damaligen ethischen Normen« gehandelt hätten. Seaborg wörtlich: »Schon möglich, daß auch die heute gültigen Standards in der modernen nuklearmedizinischen Forschung unsere Nachkommen in fünfzig Jahren erschaudern lassen werden.«

Antigravitation erzeugt?

Hätte ein Physiker vor einigen Jahrzehnten öffentlich über die praktische Realisierung von Zeitreisen oder die Erreichung von Überlichtgeschwindigkeit philosophiert, er wäre von seinen Kollegen wohl als Phantast abgekanzelt worden. Heute aber wird über diese Themen in anerkannten Fachzeitschriften bereits ernsthaft nachgedacht.

Mittlerweile sind natürlich auch die Medien auf die neuen Unruhestifter aufmerksam geworden. So verblüffte etwa der »Sunday Telegraph« seine Leser am 1. September 1996 mit der sensationellen Meldung, wonach Wissenschaftler der Universität Tampere in Finnland kurz davorstünden, »Details über die erste Antigravitations-Maschine der Welt zu enthüllen«.

Offensichtlich hatten besagte Forscher erreicht, was Physiker bisher mitleidig als »Wunschdenken« belächelt hatten: Mit Hilfe einer speziellen Versuchsanordnung, so zitierte die Zeitung Projektleiter Eugene Podkletnov, sei es gelungen, die Schwerkraft abzuschirmen. Objekte, die sich oberhalb der Versuchsanordnung befanden, hätten auf bisher ungeklärte Weise an Gewicht verloren.

Wie Podkletnov ausführte, waren er und seine Kollegen zufällig auf den mysteriösen Effekt gestoßen, als sie Experimente mit einer rotierenden, supraleitenden Keramikscheibe (Durchmesser: 145 Millimeter, Dicke: 6 Mil-

limeter) durchführten. Zwecks Kühlung auf eine Temperatur von unter 77 Kelvin wurde die Scheibe für einige
Minuten in flüssiges Helium getaucht, bevor sie in der
Versuchsanordnung auf einen Spulenmagneten gelegt
wurde. Seitlich waren zwei weitere Spulenmagneten an-
gebracht. Alle drei Spulen wurden mit Wechselstrom va-
riabler Frequenz (50 bis 106 Hertz) betrieben, so daß ein
rotierendes magnetisches Feld entstand.

Im supraleitenden Zustand schwebte die Scheibe frei
über dem unteren Spulenmagneten. Dafür verantwortlich war der sogenannte Meißner-Effekt: Der Supraleiter
mußte das Magnetfeld aus seinem Inneren verdrängen
und »stieß« sich deshalb davon ab. Etwa 15 Millimeter
über dieser Anordnung, vor den Heliumdämpfen mit
einer Plastikfolie geschützt, befand sich eine rund
5 Gramm schwere Probemasse. Mittels einer Präzisions-
waage konnte deren Gewicht und somit die Stärke der
Erdanziehungskraft über der Scheibe bestimmt werden.

Als sich die Keramikscheibe nun im supraleitenden
Zustand befand (also schwebte) und nicht rotierte, verlor
die Probemasse etwa 0,05 Prozent an Gewicht. Wenn die
Scheibe in Drehung versetzt wurde, schwankte die Ge-
wichtskraft unregelmäßig um -2,5 bis +5,4 Prozent. Bei
gewissen Rotationsgeschwindigkeiten und Frequenzen
konnten Podkletnov und seine Mitarbeiter sogar eine stabile Reduktion des Gewichts um 0,3 Prozent beobachten.
Dabei zeigte sich, daß der Gewichtsverlust bei abgeschal-
teten Magnetfeldern bestehenblieb, solange die Scheibe
noch rotierte.

Mittlerweile will Podkletnov bereits stabile Gewichts-
verluste in der Höhe von 2 Prozent erzielt haben. Parallel
dazu stellte er fest, daß der Abschirmungseffekt nicht nur
unmittelbar oberhalb der Scheibe meßbar ist. Vielmehr
konnte er auch ein ganzes Stockwerk über dem Labor immer noch in gleicher Intensität nachgewiesen werden.

71

Dazu der Schweizer Physiker Laro Schatzer: »Man muß ausdrücklich betonen, daß solch ein Verhalten nicht mit gängigen Theorien erklärt werden kann, da es offensichtlich dem Superpositionsprinzip widerspricht, d. h. dem Prinzip, daß die resultierende Kraft von überlagerten Kräften gerade die Summe der einzelnen Kräfte ist. Folgt man den herkömmlichen Erklärungsmodellen, dann müßte die Abschirmung mit zunehmender Entfernung schwächer werden.«

Im Oktober 1996 wollte Eugene Podkletnov in der Zeitschrift »Journal of Physics D: Applied Physics« über seine Resultate berichten. Drei wissenschaftliche Experten hatten das Papier bereits auf etwaige Schwächen hin überprüft. Doch nachdem der »Sunday Telegraph« von der geplanten Veröffentlichung Wind bekommen hatte, zog der finnische Wissenschaftler den Beitrag kurzfristig zurück. Angeblich hatten ihm seine Geldgeber nahegelegt, aus patentrechtlichen Überlegungen vorerst nichts mehr über seine Entdeckung zu veröffentlichen.

Die Vertreter der Schulwissenschaft sahen ihre Zweifel bestätigt. Podkletnov, so wurde mancherorts kommentiert, hätte wohl kalte Füße bekommen. »Seine Versuche zu überprüfen, hätte uns sowieso nur Zeit und Geld gekostet«, erklärte mir damals ein sichtlich erleichterter deutscher Physiker hinter vorgehaltener Hand. Auf meinen Einwand, daß man sich die Sache damit vielleicht etwas gar leicht mache, schüttelte er entschieden den Kopf. »Die Chance, daß irgendein unbekannter Wissenschaftler eine sensationelle Entdeckung macht, ist doch gleich Null. Wo kämen wir hin, wenn wir jeden Spinner ernst nehmen müßten, nur weil er etwas behauptet, das bisher als unmöglich galt?«

3

Im Kreuzfeuer der Kritik

Alfred Wegener entdeckt die Kontinentalverschiebung

»Der Chicagoer Geologe R. T. Chamberlin
berichtete 1926 (...), daß er von einem früheren
Treffen der Geological Society of America noch in
Erinnerung habe, daß man sich dort versichert
habe: ›Wenn wir der Wegenerschen Hypothese
folgen müssen, können wir alles vergessen, was
wir in den letzten 70 Jahren gelernt haben, und
ganz von vorn beginnen.‹ Im Rückblick gesehen
erwies sich das als völlig richtig.«

I. BERNARD COHEN, Wissenschaftspublizist

Drama im Eis

Grönland, Oktober 1930. Der isländische Medizinstudent und Pferdeführer Gudmund Gislason tritt mit feuchten Augen aus der windgeschützten Forschungsstation. Eisige Kälte schlägt ihm entgegen, als er sich den zitternden Ponys nähert. In seinen Händen hält er eine Pistole. Als er das erste Tier ein letztes Mal umarmt, beginnt er zu weinen. Dann drückt er dem Pony den Lauf an die Stirn. Ein Schuß kracht. Das Tier sackt tot zusammen.

Unterdessen sitzen die restlichen Expeditionsteilnehmer unbeweglich im Innern der Station. Keiner wagt es, ein Wort zu sagen, denn allen waren die treuen Tiere im Verlauf ihrer Reise ans Herz gewachsen. Seit einiger Zeit aber waren die Ponys nur noch ein Schatten ihrer selbst.

Die Temperatur war auf ein Niveau gefallen, das ihr Weiterleben unmöglich machte. Gislason, so entschied man, sollte die Tiere von ihrer Qual erlösen.

Während draußen weitere Schüsse krachen, hängen die Männer ihren Gedanken nach. Bislang war eigentlich alles recht gut gelaufen, wenngleich die vom deutschen Meteorologen Professor Alfred Wegener geleitete Expedition von Anfang an unter keinem glücklichen Stern zu stehen schien. Die Wetterbedingungen waren deutlich schlechter gewesen als erhofft, die Expeditionstiere dadurch viel geschwächter, und selbst die erstmals eingesetzten Propellerschlitten erfüllten die in sie gesteckten Hoffnungen nicht.

Doch der beinahe übermenschliche Wille Wegeners, mit dem er seine Mannschaft nach vorn peitschte, sowie seine Fähigkeit zur Improvisation ließen sie alle Widrigkeiten umschiffen. So konnte man bereits am 15. Juli daran gehen, den geplanten Stützpunkt »Eismitte« aufzubauen. Allerlei Meßgeräte sollten dort neue meteorologische Aufschlüsse bringen. Beschickt wurde das zentrale Überwinterungslager durch die westlich davon gelegene Versorgungsstation. Ebenjene, in welcher sich Gislason gerade dazu anschickte, den restlichen Ponys den Gnadenschuß zu verabreichen.

»Es geht jetzt ums Leben!«

Alfred Wegener war bereits vor einigen Wochen Richtung »Eismitte« aufgebrochen, um seine dort ausharrenden Freunde Johannes Georgi und Ernst Sorge mit neuem Proviant zu versorgen.

Rund 30 Tage hatte Wegener für diesen Marsch veranschlagt. Bald aber muß er sich eingestehen, daß er dieses Ziel nicht einhalten kann. Einsetzende Schneestürme und die fortwährend fallende Temperatur machen der Schlittenexpedition des Meteorologen schwer zu schaffen. Immer mehr seiner Begleiter entschließen sich entmutigt umzukehren. Doch für Wegener gibt es kein Zurück: Sorge und Georgi warteten auf den dringend benötigten Nachschub, er mußte es einfach schaffen! »Das Ganze ist eine schwere Katastrophe, und es nutzt nichts, es sich zu verheimlichen. Es geht jetzt ums Leben ...«, schreibt er zähneknirschend in sein Tagebuch.

Tag für Tag werden die äußeren Bedingungen schlechter, und mehrmals müssen Wegeners Leute überschüssige Versorgungseinheiten zurücklassen. Selbst die Mutigsten seiner Männer packt die Angst vor dem weißen Tod. Widerwillig läßt er auch sie ziehen. Nur noch begleitet von seinen engsten Mitstreitern stapft er weiter Richtung »Eismitte«.

Historisches Zwischenspiel

Wieder kracht ein Schuß durch die weiße Stille und reißt die in der Weststation versammelten Expeditionsmitglieder aus ihren Gedanken. Die meisten unter ihnen konnten ihre Bewunderung für Wegener nicht verhehlen. Am 6. Januar 1912 hatte ihr Expeditionsleiter seine Überlegungen über die kontinuierliche Verschiebung der Kontinente auf der Jahresversammlung der Geologischen Vereinigung in Frankfurt erstmals dem Fachpublikum vorgestellt.

Noch während Wegeners Ausführungen begannen einige der Anwesenden damals aufgeregt miteinander zu tuscheln. Und als Wegener seine Rede schließlich schloß, war der Skandal perfekt: Die Gelehrten schossen wie von der Tarantel gestochen aus ihren Stühlen; ein Einwurf folgte dem nächsten. Die geologische Fachwelt schimpfte und tobte, und das – wie sie meinte – mit gutem Recht. Hatte sich doch ein Meteorologe in ihr Fachgebiet vorgewagt, der ihnen erklären wollte, daß die bisherigen geologischen Betrachtungen über die Entstehung der Kontinente allesamt auf Irrtümern beruhten ...

Außerordentlich wichtig für Wegeners Überlegungen waren Fossilienfunde gewesen, die damals durch die Fachpresse gegeistert waren. Sie hatten ihm klare Hinweise für die Richtigkeit seiner Theorie geliefert, denn an gewissen Punkten der Kontinente gab es offensichtliche Gemeinsamkeiten von Flora und Fauna, die nur durch die einstige Verbindung derselben einen Sinn ergaben.

»Fieberphantasien«

Wegener ahnte nicht, daß seine Entdeckung erst viele Jahrzehnte später durch die Auswertung moderner Satellitenbilder in ihrer vollen Breite erkannt und akzeptiert werden sollte. Euphorisch schrieb er noch am 31. Dezember 1911 – zwei Monate vor seinem ersten Vortrag über die Kontinentalverschiebung – folgende Zeilen:

»Und wenn sich hier nun eine solche Fülle überraschender Vereinfachungen ergibt, wenn es sich zeigt, daß jetzt Sinn und Verstand in die ganze geologische Entwicklungsgeschichte der Erde kommt, warum sollen wir zögern, die alte Anschauung über Bord zu werfen? Warum soll man zehn oder gar 30 Jahre mit dieser Idee zurückhalten? Ist sie etwa revolutionär? Ich glaube nicht, daß, die alten Vorstellungen noch zehn Jahre zu leben haben.«

Im Januar 1912 sah die Sachlage schon etwas anders aus: Die Widerstände seiner Kollegen, welche er anläßlich von Vorträgen am eigenen Leib erfahren mußte, ließen Wegener befürchten, daß die öffentliche Formierung seiner Gegnerschaft nur noch eine Frage der Zeit sein konnte.

Und er sollte recht behalten: Die Fachliteratur der folgenden Jahre strotzte nur so von verächtlichen Kommentaren.

– Der Fachautor Hermann von Ihering bezeichnete Wegeners Theorie als ein »Phantasiegebilde, welches wie eine Seifenblase vergehen mußte«.

– Fritz Kerner-Marilaun, ein bekannter Wiener Paläoklimatologe, kritisierte die »Fieberphantasien eines von Krustendrehkrankheit und Polschubseuche schwer Befallenen«.

– Der Geologe und Professor Max Semper meinte, daß »die Tatsächlichkeit der Kontinentalverschiebungen (...) mit unzulänglichen Mitteln unternommen und völlig mißglückt« sei. Wegener selbst solle doch »künftig die Geologie nicht weiter beehren, sondern Fachgebiete aufsuchen, die bisher noch vergaßen, über ihr Tor zu schreiben: O heiliger Sankt Florian, verschon dies Haus, zünd andre an!«

– Charles Schuchert, Paläontologe an der Yale University, sprach in Anlehnung an ein Zitat von P. Termier, des damaligen Direktors des französischen geologischen Vermessungsdienstes, vom »Traum eines großen Poeten«, hinter dem sich nichts Greifbares verberge.

Aber auch viele Jahrzehnte später mochte sich der Sturm der Entrüstung noch nicht legen:

– Harold Jeffreys schrieb 1952 in seinem Standardwerk »Die Erde«, daß »die Parteigänger der Kontinentaldrift in 30 Jahren keine Erklärung zustande gebracht haben, die einer Nachprüfung standhält«.

– Vladimir Vladimirowitsch Belussow, ein sowjetischer Geophysiker, äußerte sich 1954 folgendermaßen: »Viele Hypothesen der Geotektonik haben der geotektonischen Wissenschaft erheblichen Schaden zugefügt, weil sie bei denen, die nicht darauf spezialisiert sind, den Eindruck erwecken, dieses sei ein Gebiet, das von Phantastereien oberflächlichster Art regiert werde. Das anschaulichste Beispiel dafür hat Wegeners Hypothese von der Kontinentalverschiebung geliefert. Sie ist phantastisch und hat nichts mit Wissenschaft zu tun.«

– Der englische Astrophysiker Fred Hoyle, ansonsten bekannt für seine Aufgeschlossenheit allem Neuen gegenüber, schrieb 1955 in seinem Buch »Grenzen der Astronomie«: »Wie es ein Kontinent, der aus gut 35 Kilometer starkem Felsgestein besteht, anstellen soll, sich fortzubewegen, ist nie wirklich geklärt worden; und ehe nicht irgendein plausibler Mechanismus dafür angegeben werden kann, brauchen wir die Verschiebung von Kontinenten nicht ernst zu nehmen.«

Furchtbare Qualen und eine heikle Amputation

Kehren wir zurück zur Schilderung von Wegeners Marsch durch die Eiswüste. Von den Begleitern des aufmüpfigen Meteorologen sind in der Zwischenzeit nur noch Villumsen und Loewe übriggeblieben, wobei letzterer bereits mit schweren Erfrierungserscheinungen an den Füßen kämpft.

Man schreibt den 30. Oktober 1930, als das Dreiergespann abgekämpft und rund eine Woche später als geplant endlich in »Eismitte« eintrifft, wo es von Georgi und Sorge freudig empfangen wird. Wegener zeigt sich in bester Laune und erkundet begeistert die von seinen beiden Freunden aufgebaute Winterstation, derweil Loewe sich mit schmerzverzerrter Miene seine Füße massieren läßt.

Bereits wenige Tage später macht sich Wegener zusammen mit Villumsen auf den Rückweg. Loewe hat sich seinerseits dazu durchgerungen, mit Georgi und Sorge in »Eismitte« zu überwintern. Als klar wird, daß seine Zehen nicht mehr zu retten sind, übernimmt Georgi widerwillig die unangenehme Aufgabe der notwendigen Amputation.

In seinem Tagebuch beschreibt er die damaligen Vorgänge: »Wir besahen uns den Fuß, der Anblick war erschreckend genug, und es war uns klar, daß nur Entfernung aller Zehen und des kranken Fleisches Loewe vor Schlimmerem bewahren könnte, denn schon waren allerlei Anzeichen einer beginnenden Blutvergiftung vorhanden. (...) Ich schliff schon gestern ein Messer so dünn und fein wie möglich, Sorge suchte unseren jämmerlichen Bestand an Watte und Verbandsstoff zusammen, ich in allen meinen Kisten einen Rest Chinosol, da wir sonst außer einem Jodstift nichts Desinfizierendes besaßen, leider außer ein paar Tabletten Veramon auch nichts Schmerzstillendes, keine Injektionsspritze, keinen Alkohol, es ist wirklich ein jammervoller Zustand.

Schon der erste Schnitt bereitete dem armen Loewe furchtbare Qualen. (...) Nach einer Stunde (...) waren alle fünf Zehen amputiert und die fürchterliche Wunde durch einen Verband verschlossen. Loewe hat doch eine unglaubliche Selbstbeherrschung und Willenskraft. Hoffentlich habe ich überall genug geschnitten, damit wenigstens der Fuß erhalten bleibt ...«

Ein böses Erwachen

Im Frühling 1931 trifft die langersehnte Delegation der Weststation endlich in »Eismitte« ein. Nervös mustern die dort ausharrenden Georgi, Sorge und Loewe aus der

Ferne ihre Kollegen. Doch je näher diese kommen, desto mulmiger wird ihnen: Wegener befindet sich nicht unter den Ankömmlingen!

Die Bestürzung steht Wegeners Freunden ins Gesicht geschrieben: Welches tragische Schicksal mochte ihren Freund auf der Rückreise wohl ereilt haben? Die schrecklichsten Befürchtungen bewahrheiten sich am 12. Mai, als man im Rahmen einer minutiösen Suchaktion bei Kilometer 189,5 der Verbindungsroute auf Wegeners tiefgefrorene Leiche stößt. Eingehüllt in zwei Schlafsäcke war er offensichtlich einer Herzschwäche erlegen.

Rasmus Villumsen dagegen blieb bis heute verschollen. Ebenso Wegeners Tagebuch. Der junge Isländer hatte die Aufzeichnungen nach dem unerwarteten Ableben seines Freundes vermutlich an sich genommen, bevor er verzweifelt seinen einsamen Marsch in den Tod antrat. So können wir nur erahnen, was sich in der unwirtlichen Eiswüste abgespielt haben mag.

Unbestritten ist, daß mit Alfred Wegener damals ein großartiger Denker aus unserer Mitte gerissen wurde, dessen wissenschaftliche Leistungen zu Lebzeiten leider drastisch unterschätzt worden sind. Erst heute wird allmählich klar, wie revolutionär Wegeners Gedankengut in Wirklichkeit gewesen ist.

Falsche Prognosen

Jahrzehnte nach Wegener müssen Teile der geowissenschaftlichen Fachliteratur jetzt erneut umgeschrieben werden – zumindest nach Meinung von Professor Rolf Emmermann, dem wissenschaftlichen Direktor der Kontinentalen Tiefbohrung in Windischeschenbach. Sein Fazit: »Unsere ursprünglichen Prognosen, soweit sie gewisse regionale Strukturen der Erdkruste betrafen, waren absolut falsch!«

Zahlreiche Daten, so Emmermann im April 1995 in der Zeitschrift »Geowissenschaften« (dem Organ der Alfred-Wegener-Stiftung), müßten in den kommenden Monaten und Jahren zwar erst noch ausgewertet werden, dennoch sei bereits jetzt klar, »daß die Tiefbohrung in Kombination mit den Ergebnissen der Umfelduntersuchungen grundsätzliche, neue Erkenntnisse über den Strukturbau und die Evolution der mitteleuropäischen variszischen Kruste liefern wird«.

Die zwischen 1983 und 1994 von Emmermann geleiteten Gesteinsbohrungen in der Oberpfalz erbrachten in der Tat unerwartete Ergebnisse. Dr. Jörn Lauterjung, er ist wissenschaftlicher Assistent von Emmermann am Geoforschungszentrum in Potsdam, erläuterte sie miranläßlich eines Telephongespräches folgendermaßen:

»Die ursprüngliche Vorstellung von der Erdkruste, die man sich gemacht hatte, resultierte aus Oberflächenbeobachtungen und der Interpretation seismischer Experimente, die von der Erdoberfläche aus vorgenommen worden waren. Die Bohrungen warfen nun all diese Voraussagen über den Haufen. Aufgrund der ursprünglich vorliegenden Daten hatten wir erwartet, nach drei oder vier Kilometern in eine neue geologische Formation vorzustoßen. Ebenso erwarteten wir, daß die Schichtung der Steine irgendwann mehr oder weniger flach ausfallen würde. In der Praxis konnte genau das Gegenteil beobachtet werden: Es hat alles sehr steil gestanden, und wir sind aus der Zone, die an der Erdoberfläche ansteht, auch nicht herausgekommen, sondern vielmehr bis unten hin im gleichen Gestein geblieben.«

Den Wissenschaftlern sei dadurch klargeworden, daß die Erfahrungen, die man mit Sedimentgestein gemacht habe, nicht so ohne weiteres auf Kristallingestein übertragen werden dürften. Weiter habe man gelernt, daß Prognosen über bestimmte Temperaturwerte innerhalb der Erdkruste aufgrund unterschiedlichster Störfaktoren »beliebig richtig oder falsch« sein könnten.

Erfreulicherweise hat die Fachwelt die neuen Erkenntnisse trotz ihres kontroversen Charakters bisher gut aufgenommen. Lauterjung nicht ohne Stolz: »Die ersten Reaktionen von Kollegenseite sind fast durchwegs positiv ausgefallen.«

4

Kosmische Differenzen

Aufbruch in eine Welt voller Fragezeichen

»Der wissenschaftliche Fortschritt scheint
die Lebensdauer wissenschaftlich gültiger Theorien
tendenziell zu verkürzen.«

FEDERICO DI TROCCHIO, Wissenschaftshistoriker

Ein Manuskript macht Furore

Nachdenklich blättert der Münchener Verleger Rudolf
Oldenbourg das bereits etwas abgegriffene Skript
durch. »Die Rakete zu den Planetenräumen«, so hatte der
Verfasser sein Werk betitelt. Eine Arbeit, deren Inhalt
nach einem ersten Augenschein von fachtechnischen
Ausführungen nur so strotzte. Konnte man so etwas dem
einfachen Leser überhaupt zumuten?

Schon will Oldenbourg das Papierbündel mit einem
netten Standardschreiben an den Autor retournieren, als
ihm einige Passagen zu Beginn des Werkes ins Auge ste-
chen. Wörtlich liest er dort:

1. Bei dem heutigen Stand der Wissenschaft und der
   Technik ist der Bau von Maschinen möglich, die höher
   steigen können, als die Erdatmosphäre reicht.
2. Bei weiterer Vervollkommnung vermögen diese Maschinen derartige Geschwindigkeiten zu erreichen,
   daß sie – im Ätherraum sich selbst überlassen – nicht

auf die Erdoberfläche zurückfallen müssen und sogar imstande sind, den Anziehungsbereich der Erde zu verlassen.

3. Derartige Maschinen können so gebaut werden, daß Menschen (wahrscheinlich ohne gesundheitlichen Nachteil) mit emporfahren können.

4. Unter gewissen wirtschaftlichen Bedingungen kann sich der Bau solcher Maschinen lohnen. Solche Bedingungen können in einigen Jahrzehnten eintreten.

In der vorliegenden Schrift möchte ich diese vier Behauptungen beweisen.

Na ja, das war immerhin etwas. Mit einem Stoßseufzer entschließt sich Oldenbourg zur Veröffentlichung der Arbeit, allerdings nicht ohne die Schrift zuvor von einigen externen Sachverständigen prüfen zu lassen. Als diese grünes Licht geben, bittet er den Autor, einen Teil der anfallenden Druckkosten selbst zu übernehmen. Der junge Raketenenthusiast, Hermann Oberth ist sein Name, zeigt sich einverstanden, und so liefern die Druckereien sein Werk 1923 pünktlich in den Buchhandlungen ab.

Kein Mensch ahnt damals, daß der bis dato unbekannte Verfasser später einmal ehrenvoll als »Vater der Rakete« betitelt werden sollte.

Wer ist zuständig?

Hermann Oberth wird am 25. Juni 1894 im siebenbürgischen Hermannstadt geboren. Schon als Kind verschlingt er begeistert Bücher phantastischer Prägung. Jules Vernes »Reise zum Mond« hat es ihm dabei besonders angetan. Noch in der Schule, vor allem aber später während seines Studiums beginnt sich der kreative

Denker Gedanken über die technische Verwirklichung menschlicher Weltraumträume zu machen.

In Unkenntnis der Arbeiten zweier anderer Raketenpioniere, Konstantin Eduardowitsch Ziolkowsky (1857-1935) und Robert H. Goddard (1882-1945), entwickelt Oberth Mehrstufenraketen und Flüssigbrennstoffe. Immer neue Berechnungen stellt der Siebenbürgener an, kritzelt oft ganze Papierstöße mit mathematischen Formeln voll. Wieder und wieder rechnet er nach, und immer überzeugter wird er, daß eine Reise zum Mond offensichtlich gar nicht so utopisch war, wie in der wissenschaftlichen Fachwelt damals behauptet wurde.

1922 reicht Oberth seine umfangreichen Berechnungen in Form einer Doktorarbeit an der Universität Heidelberg ein, wo er sein Studium nach Ende des Ersten Weltkriegs wieder aufgenommen hat.

Mit dem Thema »Weltraumfahrt« können die gelehrten Doktoren und Professoren dort allerdings herzlich wenig anfangen. Zwar scheinen ihnen Oberths Überlegungen durchaus fundiert und durchdacht. Aber Raumfahrt, das war damals allenfalls ein Thema für Phantasten oder Schriftsteller. Welcher Wissenschaftler war dafür schon zuständig? Die Annahme der Arbeit wird kurzerhand verweigert.

Oberth legt daraufhin in Klausenburg (Rumänien) die Lehramtsprüfung ab. 1923 wird er als Gymnasialprofessor für Mathematik, Physik und Chemie ans Gymnasium von Schäßburg berufen. Manchen spöttischen Kommentar muß er sich dort für seine verrückten Raketenträume gefallen lassen. Aber Oberth weiß um den revolutionären Gehalt seiner Ideen. Und war schließlich nicht auch Chladni für seine Hypothese über den extraterrestrischen Ursprung der Meteoriten jahrelang verlacht worden?

Wenn es Steine regnet

Über die Natur und Herkunft der Meteoriten hat sich die Menschheit seit jeher vielerlei Gedanken gemacht. Noch im Mittelalter wurden die vom Himmel stürzenden Brocken gemeinhin für »Fingerzeige Gottes« und andere »böse Zeichen« gehalten. Und im Zeitalter der Aufklärung schmetterten die Gelehrten Meteoritenschilderungen rundweg als »Wunderglauben« ab, waren sie auch noch so gut beglaubigt. Das wissenschaftliche Weltbild bot keinen Platz für sie, also verwies man sie ins Reich der Märchen.

Zahlreiche skeptische bis ablehnende Stellungnahmen der Fachwelt sind uns aus der damaligen Zeit überliefert. So untersuchte etwa die französische Académie des Sciences im 18. Jahrhundert einen 1768 bei Lucé niedergegangenen Meteoriten, den der berühmte Gelehrte Antoine-Laurent de Lavoisier in der Folge verächtlich als »eine Art Eisenkies« bezeichnete.

Ähnlich uneinsichtig argumentierte 1790 auch der Wiener Mineraloge Andreas X. Stütz: »Freilich, daß (...) Eisen vom Himmel gefallen sein soll, möge der der Naturgeschichte Unkundige glauben, mögen wohl im Jahre 1751 selbst Deutschlands aufgeklärte Köpfe bei der damals unter uns herrschenden schrecklichen Ungewißheit in der Naturgeschichte und der praktischen Physik geglaubt haben, aber in unserer Zeit wäre es unverzeihlich, solche Märchen auch nur für wahrscheinlich zu halten.«

Erst dem Wittenberger Physiker Ernst Florens Friedrich Chladni (1756-1827) gelang es, die Fachwelt davon zu überzeugen, daß es sich bei den sagenumwobenen Gesteinsbrocken nur um Geschosse aus dem Weltraum handeln konnte. Seine 1794 veröffentlichte Schrift mußte allerdings jahrelange Meinungsstreitereien über sich ergehen lassen.

Drei Schulen stellten sich Chladni entgegen: Die erste führte Meteoriten auf Auswürfe von Mondvulkanen zurück, die zweite siedelte deren Ursprung in der Atmosphäre der Erde an, und die dritte sinnierte verträumt über irdische Vulkanaktivitäten. Zu den Kritikern Chladnis zählte im weiteren der amerikanische Präsident Thomas Jefferson. Angesprochen auf zwei amerikanische Professoren und ihre Aussagen (»Steine sind vom Himmel gefallen ...«) soll er sich um die Jahrhundertwende folgendermaßen geäußert haben: »Viel wahrscheinlicher als Steine, die vom Himmel fallen, erscheint mir die Möglichkeit, daß uns die beiden Professoren Lügenmärchen auftischen.«

Der große Steinregen von L'Aigle im Jahre 1803, als Hunderte der kosmischen Brocken den Skeptikern förmlich auf ihre gelehrten Häupter prasselten, kam Chladni daher äußerst gelegen, ja er verhalf seinen Überlegungen gar zum Durchbruch.

»Es ist Brauch geworden, über die Naturwissenschaftler der Zeit bis zu Chladnis Anerkennung wegen ihrer engstirnigen Stellungnahme den Stab zu brechen«, lese ich in diesem Zusammenhang in einer 1957 erschienenen Publikation des Meteoritenexperten und Mineralogen Fritz Heide. »Man muß damit wohl etwas vorsichtig sein. Keiner dieser Wissenschaftler war selbst Zeuge eines Meteorenniederganges gewesen. (...) Es galt also zu unterscheiden, wie weit man den vorliegenden, nur von Laien verfaßten Berichten Glauben schenken konnte. (...) Es war (...) offensichtlich sehr schwer, die überwiegend falschen Berichte von den richtigen zu unterscheiden.«

Ob sich mit solchen Kommentaren die ignorante Haltung der damaligen Experten rechtfertigen läßt, ist eine offene Frage, die wohl jeder selbst beantworten muß. Ich für meinen Teil tue mich schwer mit derartigen »Beschwichtigungen«. Wie äußerte sich Raumfahrtpionier Her-

mann Oberth doch einmal treffend: »Die Durchschnitts-
gelehrten verhalten sich gegenüber der Wissenschaft
manchmal ähnlich wie eine gestopfte Gans gegenüber
dem Futter: Nur um Gottes willen nicht noch mehr!«

Die Skeptiker machen mobil

Am 5. Juli 1927 gründen die Raketenenthusiasten in
Deutschland den »Verein für Raumschiffahrt«, um Geld-
mittel für Oberths Pläne zu beschaffen. Schon bald haben
sich ihrem Kreis alle wichtigen Raumfahrtpioniere ange-
schlossen, auch der damals noch 18jährige Wernher von
Braun, später der wichtigste Mann im amerikanischen
Mondlandeprojekt. Bekannte Schriftsteller wie Thomas
Mann, H. G. Wells oder George Bernard Shaw leisten finanzielle Unterstützung.

Die unermüdliche Aktivität der Raumfahrtbegeister-
ten ruft zahlreiche Gegner auf den Plan. Unter ihnen etwa der berühmte Ballonfahrer und Tiefseetaucher Augu-
ste Piccard, der seiner Überzeugung darüber Ausdruck
verleiht, »daß ein interplanetarischer Verkehr sicher unmöglich sein wird«. Piccard wirft hauptsächlich »physikalische und chemische Faktoren« in die Diskussion, welche wir »nicht kennen« und die deshalb vermutlich »eine
Lücke in unseren komplizierten Berechnungen und
Schutzmaßnahmen« fänden.

Für den Astromediziner Dr. Fritz Haber wiederum ist
es in erster Linie die kosmische Strahlung, die der be-
mannten Raumfahrt den sicheren Garaus machen würde.
Hingewiesen auf diese Einwände hat Gustav Schenk in
einer 1955 erschienenen Publikation. Und Schenk führt
dort auch gleich noch einen weiteren Faktor auf, der den
Vorstoß des Menschen in den Weltraum mit Sicherheit
verhindern werde: die Meteoriten. Rückblickend gese-

hen hatten alle diese selbsternannten Wächter der Vernunft unrecht. Ebenso wie ein gewisser Professor Riem, der sich in der Fachzeitschrift »Umschau« einst Gedanken über Oberths Raketenpläne machte: »Wie weit die rein technischen Voraussetzungen des Apparates richtig sind, kann nur der Fachmann beurteilen. Was aber die Möglichkeit angeht, mit diesem Apparat sich in so gewaltige Räume zu begeben, wo die Erdschwere aufhört und keine Luft mehr ist, so ist doch dagegen zu sagen, daß die Rakete bei ihrer Rückstoßwirkung eine Luftmasse voraussetzt, die den Rückstoß federnd aufnimmt und eine gewisse Elastizität besitzen muß. (...) Schon in zehn bis 20 Kilometer Höhe ist die Luft so dünn, daß sie den Auspuffgasen keinen irgendwie nennenswerten Widerstand leisten könnte. Die Gase müßten also ganz wirkungslos verpuffen.«

Das tönte alles ganz einleuchtend, doch der gute Herr Professor hatte seine Hausaufgaben offensichtlich nicht sehr gründlich gemacht, sonst wäre ihm vermutlich aufgefallen, daß seine Ausführungen Newtons Gesetz von der Wirkung und Gegenwirkung einer Kraft verletzten und somit gegenstandslos waren.

Anders verhielt sich die Sache beim bekannten Wiener Physiker und Professor Hans Thirring. Thirring publizierte im Jahre 1934 unter dem Titel »Kann man in den Weltraum fliegen?« ein Vortragsmanuskript zum Thema. Im Gegensatz zu seinen skeptisch eingestellten Kollegen äußerte er sich zur kosmischen Gretchenfrage offen und vorurteilsfrei: »Die Frage, ob man in den Weltraum fliegen kann, wird von der Mehrzahl der Fachleute etwa in folgendem Sinne beantwortet: Eine prinzipielle Unmöglichkeit besteht keineswegs; wohl aber sind die praktischen Schwierigkeiten eines Weltraumfluges so groß, daß beim gegenwärtigen Stand der Technik an eine Verwirklichung derartiger Flüge nicht gedacht werden kann.«

Thirring führte weiter aus, daß es äußerst »voreilig wäre, Bestrebungen dieser Art einfach in Bausch und Bogen zu ignorieren«. Es schade der Wissenschaft nämlich überhaupt nicht, »wenn sie von Zeit zu Zeit von ihrem hohen Stuhl herabsteigt und unvoreingenommen auch solche technische Entwicklungsmöglichkeiten prüft, die auf den ersten Blick utopisch erscheinen mögen«.

Wasser auf dem Mond?

Es war ein denkwürdiges Datum, jener 21. Juli 1969, als die Astronauten Neil Armstrong und Buzz Aldrin als erste Menschen lunaren Boden betraten. Alle Augen der Welt waren damals auf die beiden gerichtet, ein Menschheitstraum war endlich wahr geworden. Derweil fieberten die NASA-Experten bereits ungeduldig der Rückkehr ihrer Helden entgegen, erhofften sie sich durch die eingesammelten Gesteinsproben doch endlich definitive Aufschlüsse über die Entstehung des Mondes und unseres Sonnensystems.

»Gebt mir ein Stück Mond«, hatte der amerikanische Chemiker und Nobelpreisträger Harold Urey einmal großspurig verkündet, »und ich kann euch sagen, wie unser Sonnensystem entstanden ist.« Damit brachte er die Erwartungshaltung seiner Kollegen auf den Punkt. Inzwischen ist diesbezüglich Ernüchterung eingekehrt, denn die lunaren Proben warfen letztlich mehr Fragen auf als sie Antworten lieferten.

Auch heute wissen wir eigentlich immer noch recht wenig über den Mond. Jahrzehntelang stritten sich die Experten beispielsweise darum, ob auf unserem lunaren Begleiter möglicherweise Eis und damit Wasser vorhanden sein könnte. Während die einen die Sache zumindest offenließen – immerhin berichteten zahlreiche Mondforscher im Laufe dieses Jahrhunderts von dunstartigen Nebelschwaden, die sie während ihrer Beobachtungen wahrgenommen haben wollen –, äußerten sich andere wie etwa der Mond-Fachmann Guido Ruggieri skeptisch. In seinem Übersichtswerk »Der Mond« schreibt er 1971:

»Im Jahre 1967 hat der Selenologe T. Gold eine Erklärung für die Mondkrater aufgestellt, die in ihrem Innern Ablagerungen von Eis zuläßt, die durch eine Deckschicht aus Sedimenten vor dem Sonneneinfluß geschützt blieben. Sollte das stimmen, so würde man leicht allenthalben auf dem Mond Wasser finden können; und das hätte für die künftigen Astronauten eine außerordentliche Bedeutung. Man muß aber sagen, daß diese Hypothese nur wenige Anhänger gefunden hat und daß die bisher beobachteten Tatsachen darauf hindeuten, daß die Vorstellung von der Trockenheit des Mondes erhalten bleiben wird.«

Mittlerweile dürften allerdings auch die vehementesten Wasser-Skeptiker ins Schwitzen geraten sein. Grund: Neue Meßdaten der 1994 ins All geschossenen Forschungssonde »Clementine-1«. Wie das amerikanische Verteidigungsministerium im Dezember 1996 mitteilte, lassen sie mit hoher Wahrscheinlichkeit auf »Eisvorkommen nahe des lunaren Südpols schließen«. Das Eisfeld habe die Ausmaße eines kleinen Sees, sei zwischen drei und 30 Metern dick und befinde sich in einem 13 Kilometer tiefen Krater.

In einer ersten Stellungnahme verliehen die Verantwortlichen ihrer Begeisterung über die Entdeckung ungeniert Ausdruck:

»Die Entdeckung von Eis auf unserem Trabanten hat enorme Bedeutung für eine dauerhafte Rückkehr des Menschen zum Mond. Wasserstoff und Sauerstoff (woraus sich Wasser zusammensetzt) ist ein vorrangiger Treibstoff für Raketen und gibt uns die Möglichkeit, Raketen auf einer lunaren Nachfüllstation aufzutanken, wodurch der Transport zum Mond und wieder zurück ökonomischer würde. Außerdem könnte das Wasser, das aus dem lunaren Eis gewonnen würde, und der Sauerstoff, der wiederum aus diesem Eis erzeugt werden könnte, eine ständige Basis bzw. einen Außenposten auf dem Mond unterstützen.«

Die Existenz lunarer Eis- und Wasservorkommen bestätigte nicht zuletzt Mineralogen der Universität Cambridge, die in den siebziger Jahren auf einer Tagung in Tübingen über die Entdeckung von Goethit (einem Eisenrost-Mineral) in Mondproben berichtet hatten. Ihre kontroversen Ergebnisse waren damals in hohem Bogen verworfen worden. Der zynische Kommentar eines amerikanischen Experten: »You have pissed on the probes.«

Neue Daten, neue Fragen

Auch die Sonne bereitet unseren Experten gelegentlich Kopfzerbrechen, wie unter anderem eine Arbeit zeigt, Welche die beiden Experimentalphysiker Erwin J. Saxl und Mildred Allen 1971 in der angesehenen Zeitschrift »Physical Review« veröffentlichten. Saxl und Allen berichten dort über ihre Arbeiten auf dem Gebiet der Pendelforschung, wobei sie darauf hinweisen, daß sich die Schwingungsdauer eines ihrer Pendel während einer Sonnenfinsternis am 7. März 1970 aus unerfindlichen Gründen kurzfristig vergrößert hatte.

Eine Begründung dieser Veränderung durch die wissenschaftliche Fachwelt steht bis heute aus. »Schon im Jahre 1959 hatte ihr Fachkollege Maurice F. C. Allais ähnliche Beobachtungen veröffentlicht, die Ergebnisse konnten also ohne weiteres nachvollzogen werden«, gibt Herbert Pietschmann, Professor für Theoretische Physik an der Universität Wien, zu bedenken. Trotzdem sei die

Arbeit niemals von anderen Wissenschaftlern in der Fachliteratur erwähnt worden, wie ein Blick auf den Science Citation Index zeige. Pietschmann kopfschüttelnd: »Die Meßdaten wurden einfach ignoriert.«

Eine ganze Reihe von Fragen warf auch die europäische Forschungssonde »Ulysses« auf, als sie 1994 die Südpolregion unseres wärmenden Zentralgestirnes passierte. Hatten die Fachleute nämlich angenommen, daß die Intensität der kosmischen Strahlung je nach der Position der Sonde über der Äquatorebene in ihrer Stärke variieren würde, so mußte diese Vorstellung nach Auswertung der neuen Daten fallengelassen werden.

Der Fachjournalist A. Friedel kommentierte die Ergebnisse im »Raumfahrt-Journal«: »Die Intensität der Strahlung blieb bis in die Polregionen konstant. In diesem Zusammenhang könnte ein völlig unbekanntes Sonnenphänomen stehen, das die Sonde mit Hilfe ihrer Magnetometer entdecken konnte. Es handelt sich dabei um eine unbekannte Art von langsamen, variierenden elektromagnetischen Wellen. In Abständen von 10 bis zwanzig Stunden laufen diese Wellen entlang der magnetischen Feldlinien, ähnlich den akustischen Vibrationen einer Gitarrensaite. Die Wissenschaftler haben für diese elektromagnetischen Wellen noch keine Erklärung.«

Entgegen allen Erwartungen registrierte »Ulysses« überdies keine wesentliche Änderung der Stärke des Magnetfeldes zwischen dem Sonnenäquator und dem Südpol. Obwohl alle Geräte tadellos funktionierten, blieb die erwartete Zunahme der Magnetfeldstärke schlicht und einfach aus. Verfügt die Sonne also gar nicht über einen magnetischen Südpol? Friedel lapidar: »Die bisherigen Ergebnisse der ›Ulysses‹-Mission zwingen die Fachwelt dazu, völlig neue Modelle der Sonne zu erstellen.« Neue Ergebnisse in der Teilchen-Forschung scheinen dererlei Feststellungen zu unterstreichen.

Die verflixten Neutrinos

Alle Materie setzt sich aus Elementarteilchen zusammen, die ihrerseits in Mesonen, Baryonen und Leptonen unterteilt werden. Zu den Leptonen zählt man die in drei verschiedenen Gruppen auftretenden Neutrinos (Elektron-Neutrino, Myon-Neutrino und Tauon-Neutrino). »Verfolgt man die Geschichte der Neutrinos«, seufzte die britische Physikerin Christine Sutton 1992, »so hat man oft das Gefühl, daß immer dann, wenn man sich in seinem Wissen sicher dünkt, irgend jemand daherkommt und einem den sprichwörtlichen Boden unter den Füßen wegzieht.«

Ein typisches Beispiel für diese Aussage liefert unsere Sonne, die – wie alle anderen Fixsterne auch – ständig Millionen klitzekleiner Neutrinos ins All entsendet. Im Rahmen aufwendiger Experimente wurden Repräsentanten dieser pfiffigen Teilchen eingefangen, wobei den Forschern zugute kam, daß unsere Sonne ausschließlich Elektron-Neutrinos abstrahlt.

Erstaunlicherweise lagen die gemessenen Neutrino-Zahlen beträchtlich unter den Werten, die statistisch zu erwarten waren. Zwar war man bereits in früheren Jahren zu ähnlich unverständlichen Ergebnissen gekommen, doch mittlerweile haben Fachleute um Professor Till Kirsten vom Max-Planck-Institut für Kernphysik in Heidelberg eines ihrer Neutrino-Teleskope mit Hilfe einer künstlichen Sonne ausgiebig getestet. Ergebnis: Der Fehler liegt mit Sicherheit nicht in der Meßmethodik, wie gelegentlich postuliert wurde, sondern viel eher in den gegenwärtigen Erklärungsmodellen.

Professor F. L. Deubner vom Astronomischen Institut der Universität Würzburg bestätigte mir am 11. Dezember 1995 die Zuverlässigkeit der neuen Ergebnisse: »Ohne viel Zahlenmaterial aufzufahren, möchte ich die Aussagen von T. Kirsten als verläßlich im üblichen Sinne der Interpretation von Meßwerten naturwissenschaftlicher Experimente beurteilen. Das mir vorliegende Material scheint eindeutig zu demonstrieren, daß die Ursache für die Diskrepanz zwischen den vorhergesagten und den beobachteten Zählraten nicht im Bereich der Neutrino-experimente zu suchen ist.«

Manche Naturwissenschaftler formulieren deshalb wieder Überlegungen, wonach die angeblich massenlo-sen Neutrinos eben doch eine gewisse Masse besitzen könnten, wie bereits zu Beginn der achtziger Jahre ein-mal für kurze Zeit spekuliert worden ist. Dann nämlich wären die von der Sonne abgestrahlten Teilchen in der Lage zu oszillieren und könnten je nachdem auch als Myon- oder Tauon-Neutrino in Erscheinung treten, wo-durch sie sich den ausschließlich auf Elektron-Neutrinos programmierten Teleskopen elegant entzögen. Die Kon-sequenzen wären in diesem Fall unabsehbar, würden da-durch doch längst in Sicherheit gewogene Erkenntnisse über die Beschaffenheit und Expansion des Alls ins Wan-ken geraten.

Die Gravitationskraft etwa, die eine rotierende Gala-xie zusammenhält, läßt sich aus der Position ihrer Sterne, deren Umlaufgeschwindigkeit und Masse errechnen. Wie wir heute aber wissen, reicht die Gesamtmasse aller Ster-ne innerhalb einer Galaxie bei weitem nicht aus, um den inneren Zusammenhalt eines solchen Systems zu garan-tieren. Dennoch ist gerade dieser Zusammenhalt nach-weislich gewährleistet.

In diesem Dilemma gefangen, propagierte die Fach-welt bereits vor einiger Zeit die Existenz unsichtbarer Materie, sogenannter Dunkelmaterie. Besäßen die Neu-trinos nun also eine geringe Masse, könnten sie aufgrund ihrer ungeheuer großen Anzahl unsere Galaxien mühe-los zusammenhalten und im Universum die Stellung dieser Dunkelmaterie einnehmen. Das wiederum hätte weitreichende Konsequenzen für die kosmischen Erklärungsmodelle, würde den Miniteilchen damit doch die vorherrschende gravitative Rolle im evolutionären Geschehen des Universums zufallen. Mit ihrer enormen Gesamtmasse dürften sie die Expansion des Universums irgendwann abbremsen und einen gigantischen Kollaps provozieren.

Kein Wunder, daß es auch Forscher gibt, die sich (noch?) nicht auf solche Spekulationen einlassen wollen. Dr. Hubertus Wöhl vom Kiepenheuer-Institut für Sonnenphysik in Freiburg beispielsweise glaubt, »daß die Unsicherheiten im Sonnenmodell immer noch ausreichen«, um die Abweichung der Neutrino-Meßwerte zu erklären, wie er mir am 7. Dezember 1995 mitteilte.

Die »große Mauer«

Diskussionen wie diese sind Wasser auf die Mühle all jener astronomischen Ketzer, die heute engagierter denn je am Sockel der gängigen kosmischen Entstehungsvorstellungen sägen. Besonders die Gegner der Urknalltheorie machen zur Zeit überall mobil.

Seit Jahren wissen die akademischen Publikationen alle paar Monate mit neuen Entdeckungen in dieser Angelegenheit aufzuwarten. Entdeckungen, welche die gängigen Erklärungsmodelle oft erschüttern oder nicht von diesen erklärt werden können. Da ist zum Beispiel die »große Mauer«, welche Professor John P. Huchra vom Harvard Smithsonian Center für Astrophysik in Cambridge zusammen mit seiner Forscherkollegin Margaret J. Geller 1989 im Universum ausfindig gemacht hat: Die gigantische Galaxien-Formation erstreckt sich über eine Länge von über 500 Millionen Lichtjahre!

Mittlerweile weiß man, daß sich überall im Kosmos solche Zusammenballungen finden lassen. Ein Umstand, der den Urknall-Verfechtern gehörige Probleme bereitet, hatte man doch bisher angenommen, daß die Materie im Universum homogen verteilt sei. »Es gibt auch nicht eine einzige Theorie, mit der diese Galaxienstrukturen zu erklären wären«, stöhnte der Astrophysiker Will Saunders von der Oxford University 1991 stellvertretend für seine Zunft.

Selbstverständlich, und das sei hier nicht verschwiegen, haben einige seiner Kollegen in der Folge ein paar hübsche Gegenargumente aus dem Ärmel geschüttelt, mit denen sie derart rigorose Aussagen geschickt zu relativieren wissen. Der Laie wird sich ob derlei intellektueller Machtkämpfe denn auch nur noch verzweifelt die Haare raufen und sich fragen, wem er nun mehr Glauben schenken soll: den Vertretern herkömmlicher Vorstellungen oder der aufmüpfigen neuen Garde, welche die traditionellen Argumente respektlos vom Tisch fegt.

Problemfall Hubble-Konstante

Aktuellster Streitpunkt in der mitunter sehr hitzig geführten Diskussion über die wissenschaftliche Relevanz der Urknallhypothese bildet die Auseinandersetzung um die Hubble-Konstante, den astronomischen Meßwert für die Expansion des Universums. Neue Untersuchungen an den Cepheiden (Sterne, deren Helligkeit periodischen Schwankungen unterliegt) stellen nach Ansicht einiger Forscher den bisher propagierten Wert der Konstante ernsthaft in Frage.

Sollten sie mit ihren Messungen recht behalten, so hätte dies wahrhaft revolutionäre Konsequenzen. Das Alter unseres Universums wäre demnach »nur« auf rund acht

Milliarden Jahre zu beziffern und nicht – wie bisher behauptet – auf zwölf bis zwanzig Milliarden (je nachdem, welches wissenschaftliche Fachbuch man gerade zu Rate zieht).

»Der Spiegel« beschwor 1994 sogar ein regelrechtes Dilemma herauf, dem die Kosmologen nur noch »mit schmerzhaftem Verzicht entrinnen« könnten: »Sie könnten die Theorie der Sternentwicklung opfern, einen der Pfeiler der Astronomie und Triumph der Kernphysik; sie könnten das Fundament ihres Denkgebäudes, den Urknall preisgeben; oder sie müßten gigantische Kräfte annehmen, die an der Milchstraße zerren und die Messungen verfälschen.«

Gerhard Börner vom Max-Planck-Institut für Astrophysik in München fordert deshalb vehement, neue Daten zu sammeln, um definitive Klarheit im Zahlenchaos zu schaffen. Börner: »Die derzeitigen Fehlergrenzen der Messungen lassen uns noch Chancen, das Urknallmodell zu retten, aber es wird allmählich knapp.«

Konstant oder nicht konstant?

Angeheizt wurde die Debatte um den exakten Wert von Konstanten 1994 durch eine provokative Veröffentlichung des britischen Alternativdenkers Rupert Sheldrake. Sheldrake gibt dort zu bedenken, daß sich die Werte aller Grundkonstanten praktisch gesehen bei jeder neuen Messung geringfügig ändern. Folgen wir aber der Theorie, dürften sie das gar nicht, sind sie doch – wie es schon ihr Name sagt – eigentlich unveränderlich. Die universale Gravitationskonstante G etwa läßt sich bisher lediglich auf eine Genauigkeit von einem Fünftausendstel beziffern. Die bisherigen Meßergebnisse waren ganz einfach zu widersprüchlich für eine genauere Eingrenzung.

Einige Physiker gehen inzwischen gar soweit, eine sogenannte »Fünfte Kraft« neben den bisher bekannten vier Naturkräften (Elektromagnetismus, Gravitation, schwache und starke Wechselwirkung) zu postulieren, um die auftretenden Meßanomalien in einen theoretischen Rahmen einbetten zu können. Sheldrake dazu: »Die bloße Tatsache, daß die Möglichkeit einer neuen, die Gravitation beeinflussenden Kraft gegen Ende des zwanzigsten Jahrhunderts ernsthaft erwogen wird, zeigt deutlich, wie wenig genau die Schwerkraft noch über dreihundert Jahre nach der Veröffentlichung von Newtons ›Principia‹ erfaßt ist.«

Auch der »exakte« Wert der offiziell als »konstant« geltenden Lichtgeschwindigkeit variierte während vieler Jahre von Messung zu Messung. Noch 1929 kamen die Experten zum Schluß, daß der damals berechnete Meßwert völlig zufriedenstellend sei und als »mehr oder weniger dauerhaft« festgelegt gelten könne. Schon kurz darauf zeigten neue Meßwerte den Irrtum ihrer Schlußfolgerung auf. 1972 setzte man hinter die leidige Sache einen Punkt, indem man die Lichtgeschwindigkeit per Definition festlegte. Was – o Schreck – passiert aber wohl, wenn morgen doch wieder jemand auf die Idee kommen sollte, mit Hilfe modernster Geräte neuerlich nachzumessen?!

Sicherlich: Man kann vorangegangene, mittlerweile als überholt geltende Zahlenwerte rückblickend immer auf Meßfehler oder inkompetente Untersucher zurückführen. Doch was wäre, so Sheldrake ketzerisch, wenn sich die Grundkonstanten a priori chaotisch verhalten würden?

Der Brite: »Die Idee der unwandelbaren Gesetze und Konstanten ist die letzte Basisstation der klassischen Physik, für die überall und in alle Ewigkeit eine mathematische Ordnung herrscht, die alles nach ein für allemal feststehenden Regeln geschehen läßt und (zumindest im Prinzip) vollkommen vorhersagbar macht. Tatsächlich finden wir nichts dergleichen in der Menschenwelt, im Bereich des biologischen Lebens, im Wetter oder am Nachthimmel. Die Chaosrevolution hat diese perfekte Ordnung als schöne Illusion entlarvt.«

Den klassisch denkenden Physikern sträuben sich ob solch unorthodoxer Gedankengänge die Nackenhaare. Sie geben zu bedenken, daß keine Größe je mit unendlicher Genauigkeit gemessen werden könne. In der Regel würden sich die Meßwerte vielmehr innerhalb einer immer schmaler werdenden Bandbreite asymptotisch einem unbekannten Endwert annähern, den sie allerdings nie erreichen. Die Schwankungen in den Messungen gründen ihrer Meinung nach am ehesten auf der Unvollkommenheit eines jeden Meßvorgangs, müssen also keinesfalls Ausdruck einer inhärenten chaotischen Schwankung der Konstanten sein.

Sheldrake schlägt deshalb vor, im Rahmen eines langfristigen Experiments stellvertretend die universale Gravitationskonstante messen zu lassen, und zwar in regelmäßigen Abständen und in den verschiedensten Labors dieser Welt: »Über mehrere Jahre hinweg würde man diese Messungen vergleichen. Sollte der Wert für G, aus welchen Gründen auch immer, Schwankungen unterliegen, dann müßten sich diese an verschiedenen Orten zeigen. Anders gesagt, die Werte könnten ein Muster erkennbar machen, etwa in der Form, daß der Wert in manchen Monaten hoch und in anderen niedrig ist. So ließen sich Variationsmuster erkennen, die sich dann nicht mehr als Zufallsfehler übergehen lassen.«

5

Verlacht und verspottet

Barbara McClintock und ihre springenden Gene

> »In ihren Anfängen spukte die Genetik in den
> Köpfen von Scharlatanen herum,
> die zumeist mit ihren Forschungsarbeiten
> einen politischen Zweck verfolgten.
> Absurde Theorien (...) waren die Norm.
> Unwissenheit und Selbstüberschätzung
> gingen Hand in Hand.«
>
> STEVE JONES, Evolutionsforscher

Ein Mönch auf Abwegen

Gregor Mendel (1822-1884), der erbsenzüchtende Mönch, ging in die Geschichte ein. Noch heute bildet die Geschichte, wie er anhand unzähliger Auszählungen von Erbsen als erster die Elementarregeln der Vererbung offenlegte, einen wesentlichen Bestandteil nahezu jeden Schulbuchs zum Thema Biologie.

Im Garten seines Klosters bei Brünn (Tschechien) beobachtet Mendel Tag für Tag die Entwicklung seiner Sprößlinge. Jedes Detail vermerkt er fein säuberlich auf seinen Notizblättern und hofft, daraus Erkenntnisse hinsichtlich der Faktoren zu erhalten, welche die Vererbung der Erbsenform und der Blütenfarbe regulieren.

Mit unermüdlichem Fleiß pflückt er die Früchte seiner Kreuzungsversuche, um die kleinen Dinger anschließend in mühevoller Kleinarbeit von Hand auszusortieren. Schließlich gelingt es ihm, daraus ganz bestimmte, sich wiederholende Zahlenmuster herauszukristallisieren. Weitere Kreuzungen und neuerliche Auszählungen führen ihn zu der Schlußfolgerung, daß offensichtlich Erbfaktoren existieren mußten, die über bestimmte Entwicklungsmerkmale der Pflanzen entschieden. Mendel hatte damit – ohne es zu wissen – die Existenz der Gene entdeckt.

Die Fachwelt kann mit den Erkenntnissen des Geistlichen wenig anfangen. Die meisten der von Mendel versandten Exemplare seiner Schrift, in welcher er die Ergebnisse seiner Kreuzungsversuche festhält, landen ungelesen im Papierkorb. Auch ein Vortrag Mendels im Jahre 1865 vor der Naturwissenschaftlichen Gesellschaft in Brünn entlockt den Anwesenden keine Begeisterungsstürme.

Erst um die Jahrhundertwende, als die Biologen mit Hilfe ihrer Mikroskope im Zellinnern die Chromosomen aufstöbern und damit den Startschuß für die neue wissenschaftliche Disziplin der Genetik abfeuern, erinnert man sich wieder an den erbsenzüchtenden Mönch und seine wegbereitende Entdeckung.

Irrweg Eugenik

Zur selben Zeit beginnt sich der britische Naturforscher und Psychologe Francis Galton (1822-1911) Gedanken über Vererbungsprozesse zu machen und über Möglichkeiten nachzusinnen, die Entwicklung »schlechter« Menschen zugunsten einer Verbesserung der menschlichen Rasse zu beeinflussen. »Eugenik« nennt sich der von Galton begründete Forschungszweig, dem sich zahlreiche Genetiker anschließen.

Die Eugeniker sehen ihre Aufgabe darin, »biologisch minderwertige Menschen« aus der Gesellschaft herauszufiltern und Möglichkeiten zu erarbeiten, um »höherwertiges Leben« zu erhalten und zu fördern. Viele Forscher lassen dabei ungeniert Vorurteile in ihre Arbeit einfließen, und so manifestieren sich in dem jungen Wissenschaftszweig mit den einherziehenden Jahren zunehmend rassistische Tendenzen.

Zweifelhafte Untersuchungen zu Aspekten wie Alkoholismus, Prostitution oder Kriminalität werden durchgeführt und Intelligenztests ausgearbeitet. Alles läßt sich jetzt plötzlich mit der Vererbung erklären: Italienern wird eine Vorliebe zur Gewalt »nachgewiesen«, Juden ein Hang zum Diebstahl angedichtet. Selbst Winston Churchill, der spätere Premierminister Englands, versteigt sich 1910 zu folgender Aussage: »Das unnatürliche und zunehmend schnellere Anwachsen der geistesschwachen und wahnsinnigen Bevölkerungsschichten, das mit stetem Rückgang bei den Tüchtigen, starken und überlegenen Schichten einhergeht, konstituiert eine Gefahr für Nation und Rasse, die gar nicht überbewertet werden kann. Ich finde, daß die Quelle, aus welcher der Strom des Wahnsinns gespeist wird, ausgetrocknet und versiegelt werden sollte, noch bevor ein weiteres Jahr ins Land zieht.«

Dreizehn Jahre danach wird in München der erste Lehrstuhl für »Rassenhygiene« geschaffen, aber auch in anderen westlichen Ländern wird die Eugenik weiterhin hochgehalten. In Amerika werden Ende der zwanziger Jahre gar offizielle Gesetze hinsichtlich einer Legalisierung von Zwangssterillsationen erlassen, um die Vorstellungen der Eugeniker in die Tat umzusetzen.

Als der Rassenwahn in Deutschland immer ausgeprägtere Formen annimmt, gerät die Eugenik mitsamt ihren Vertretern endlich ins Schußfeuer der Kritik; der wissenschaftliche Wert vieler Arbeiten wird nachträglich relativiert oder widerlegt.

Nach dem Zweiten Weltkrieg beginnt man die Eugenik neu zu definieren: Rassistische Tendenzen werden aus der Forschung eliminiert, die Titel von Instituten und Fachzeitschriften geändert, neue Forschungskriterien formuliert und die moderne Humangenetik begründet. Und als der britische Biochemiker James Watson zusammen mit dem Biologen Françis Crick 1953 die Struktur der Doppelhelix-Stränge offenlegt und damit den Bauplan des Lebens entschlüsselt, tritt der junge Forschungszweig endgültig in ein neues Stadium.

Doch vor lauter Begeisterung ob der Neuorientierung und die damit verbundenen Erkenntnisse, wird wieder einmal so manche spannende Entdeckung vorübergehend übersehen oder aufgrund der vorherrschenden Lehrmeinungen voreilig abgelehnt. Der Streit um die springenden Gene macht dies auf eindrückliche Art und Weise deutlich.

Springende Gene

Sie war gewiß keine typische Vertreterin ihrer Zunft. Barbara McClintock (1902-1992) galt in Fachkreisen zeitlebens als exzentrisch und unkonventionell, manche bezeichneten sie gar als Gratwanderin zwischen Genie und Wahnsinn.

Wie auch immer: Die streitbare Biologin, die sich in ihrem Labor einsam und zurückgezogen von der Außenwelt ihren Forschungen widmete, gilt heute als unbestrittene Pionierin der Genetik. Als erste entdeckt sie 1947 die Tatsache, daß bestimmte Gene innerhalb des Genoms wandern können, ja sogar zwischen den einzelnen Chromosomen herumspringen können. 1983, neun Jahre vor ihrem Tod, wird sie für ihre Verdienste mit dem Nobelpreis bedacht.

McClintock hatte es nicht leicht, ihren Erkenntnissen zum Durchbruch zu verhelfen. In den fünfziger Jahren beginnt sie ihre Ergebnisse in mehreren Fachartikeln für die Carnegie-Institution of Washington niederzuschreiben. Der wissenschaftlichen Fachwelt stellt sie ihre Resultate im Jahre 1951 erstmals auf einem Symposium in Cold Spring Harbor vor.

Da McClintocks springende Gene im kompletten Widerspruch zur damaligen Vorstellungswelt der Genetiker stehen, stößt ihr Referat mehrheitlich auf Ablehnung. Einige der Anwesenden beginnen anläßlich ihrer Ausführungen gar ungeniert vor sich hin zu kichern.

Die skeptische Haltung ihrer Kollegen bedrückt die Forscherin anfänglich tief. Dennoch entschließt sie sich dazu, weiterzukämpfen. Immer wieder weist die Amerikanerin in den folgenden Jahren im Rahmen von wissenschaftlichen Tagungen auf ihre Entdeckung hin, parallel dazu publiziert sie in verschiedenen Fachzeitschriften weitere Artikel zum Thema. Schon bald gilt sie in akademischen Kreisen als »verrückt« oder »obskur«, andere bezeichnen sie lachend als »alte Schachtel, die Staub angesetzt hat«.

Als Folge davon beginnt sich Barbara McClintock aus der Öffentlichkeit zurückzuziehen. Zwar forscht sie intensiv weiter, doch verzichtet sie nun in ihren Publikationen auf eine weitere Erwähnung der springenden Gene. Die Forscherin gegenüber ihrer Biographin, der Berkeley Professorin Evelyn Fox Keller: »Es hat mich völlig überrascht, daß ich mich nicht verständlich machen konnte, daß man sich über mich lustig machte und mir mitteilte, ich sei ja nun wirklich verrückt geworden. An diese Tatsachen mußte ich mich erst einmal gewöhnen.«

Alternative Wege als Erfolgsrezept

Seit jeher haßte McClintock Vorurteile und Voreinge-
nommenheit in wissenschaftlichen Fragen. Sie weigerte
sich, umstrittene Ideen oder Theorien abzulehnen, ehe
diese nicht definitiv widerlegt waren, denn sie war davon
überzeugt, daß auch andere Wege als die von der Schulwissenschaft abgesteckten und ausgetretenen Trampel-
pfade zu neuen Erkenntnissen führen können.

Über die kurzsichtigen Vertreter ihrer Fachrichtung
konnte sie sich nur wundern: »Sie wußten nicht, daß sie
im Korsett eines Modells steckten; man konnte ihnen diesen Umstand auch nicht beibringen, ganz gleich, wie sehr
man sich auch bemühte.«

Mit jungen Wissenschaftlern sei Barbara McClintock
diesbezüglich problemlos klargekommen, ergänzt ihre
Biographin Evelyn Fox Keller, doch habe sie das Gefühl
gehabt, daß viele ihrer Kollegen im Alter offenbar an
einer Art geistiger Arterienverkalkung litten. »je mehr
Jahre diese Männer Literaturrecherchen betrieben und
Seminarvorträge abgesessen hatten, desto schwerer fiel es
ihnen, einen Blick für die logischen Voraussetzungen und
Annahmen ihres Denkens zu entwickeln und etwas geistig Neues zu verarbeiten. Das Ungewohnte wird ihnen
zunehmend undenkbar, und sie vergessen allmählich,
daß auch ihre Datenauswertung einer Veränderung un-
terworfen sein kann, daß Theorien und Modelle ebenfalls kommen und gehen.«

Späte Anerkennung

In den sechziger Jahren entschließt sich Barbara McClintock trotz der schlechten Erfahrungen, die sie bis dahin
gemacht hatte, ihre Entdeckung im Rahmen verschiede-

ner Veranstaltungen noch einmal zu erläutern. Erneut wird sie nicht verstanden.

Erst Mitte der siebziger Jahre wird die Fachwelt nach langen Irr- und Umwegen doch noch auf das Phänomen der springenden Gene aufmerksam. Allmählich beginnt man sich wieder an die »verrückte Schachtel« zu erinnern, zögernd halten Hinweise auf ihre revolutionären Arbeiten Einzug in wissenschaftliche Publikationen.

Am 10. Oktober 1983 sitzt die mittlerweile 81jährige Biologin zu Hause und erfährt aus dem Radio, daß man ihr für die Entdeckung und Erforschung der springenden Gene den Nobelpreis für Medizin und Physiologie verliehen hat. McClintock läßt sich dadurch nicht aus der Ruhe bringen. Zu vieles hat sie bereits erlebt, Positives und Negatives. Zwar freut sie sich über die Auszeichnung, doch der damit verbundene Rummel schmeckt ihr gar nicht. Nur widerwillig läßt sie sich dazu überreden, eine Pressekonferenz abzuhalten.

Die Auszeichnung in Stockholm nimmt die Wissenschaftlerin am 8. Dezember 1983 ohne Groll entgegen: »Mein Verstehen des Phänomens (...) war viel zu radikal für die Zeit. Neue Techniken erlaubten es zu erkennen, daß das Phänomen universell war, aber das war erst Jahre später. In der Zwischenzeit wurde ich nicht eingeladen, Vorträge zu geben oder Seminare abzuhalten, außer bei seltenen Gelegenheiten (...). Dieses lange Intervall bereitete mir aber keine persönlichen Schwierigkeiten, statt dessen erwies es sich als reine Freude. Es gewährte mir die vollständige Freiheit, Untersuchungen ohne Unterbrechung fortzuführen, sowie die reine Freude, die sie bereiteten.«

»Ausgesprochen vulgär«

Weniger Glück hatte der amerikanische Biologe Oswald Avery (1877-1955), dem ein ähnliches Schicksal wie Mc-

107

Clintock beschieden war, mit dem gravierenden Unterschied allerdings, daß ihm der Nobelpreis versagt blieb. Avery hatte in den vierziger Jahren die Desoxyribonukleinsäure (DNS) als Träger der genetischen Information identifiziert und seine Erkenntnisse 1944 im renommierten »Journal of Experimental Medicine« publiziert.

Die Brisanz von Averys Entdeckung wurde jahrelang nicht erkannt. So gab es Wissenschaftler, die das Beweismaterial, das für die DNS sprach, nicht für schlüssig hielten und lieber glaubten, die Gene seien Proteinmoleküle, wie sich der englische Nobelpreisträger James Watson in seinem 1968 erschienenen, brillant formulierten Buch über die Entdeckung der Doppelhelix erinnert: »Viele von ihnen waren rechthaberische Narren, die mit unfehlbarer Sicherheit stets auf das falsche Pferd setzten. Überhaupt konnte man nicht erfolgreich Wissenschaft treiben, ohne sich darüber klar zu sein, daß die Wissenschaftler – im Gegensatz zu der allgemeinen Auffassung, wie sie auch von Zeitungen und von Müttern mancher Forscher verbreitet wird – zu einem beträchtlichen Teil nicht nur engstirnig und langweilig, sondern auch einfach dumm sind.«

Watson hatte allen Grund, über seine Kollegen in Rage zu geraten. Nur wenige Jahre zuvor nämlich hatte der Mikrobiologe Stuart Elliot den amerikanischen Biochemiker und Nobelpreisträger Gerald M. Edelman dazu angeregt, Peyton Rous, dem Herausgeber des »Journal of Experimental Medicine«, den Vorschlag zu unterbreiten, Averys Arbeit nach zwanzig Jahren im Rahmen einer posthumen Würdigung noch einmal im Journal zu veröffentlichen, gekoppelt mit einem entsprechenden Hinweis auf dessen Pionierleistung.

Edelman willigte ein und leitete Elliots Idee an Rous weiter. Nach sechs Wochen traf er diesen zufälligerweise an einer Busstation und fragte ihn nach dem Stand der Dinge. Rous entgegnete, er habe der Redaktion das Anliegen Elliots unterbreitet, doch hielte man den Vorschlag dort für »ausgesprochen vulgär«. Und nach einer kurzen Pause brummte er: »Ich konnte diesen Avery niemals richtig leiden.«

Auf den erstaunten Blick Edelmans hin, fügte er hinzu: »Was würden Sie von einem Mann halten, dem die Royal Society eine Medaille verleiht und der sie sich nie abholt?«

Auch Lehrmeinungen haben ein Verfallsdatum

Professor Hansjakob Müller ist Humangenetiker und Leiter der Abteilung für Medizinische Genetik am Basler Kinderspital. 1995 konnte ich ihn telefonisch zu einigen der oben erwähnten Aspekten befragen, so auch zum Schicksal von Barbara McClintock.

»McClintock stellte in der Tat Phänomene fest, die mit dem Wissen der klassischen Genetik nicht vereinbart werden konnten«, bestätigte Müller meine Informationen. »Ihre Beobachtung widersprach der damals gültigen Lehrmeinung. Daher waren die Probleme innerhalb der Fachwelt quasi vorprogrammiert.«

»Aber auch Avery wurde für seine Entdeckung nicht gerade gefeiert ...«, unterbrach ich ihn.

»Stimmt«, entgegnete der Basler. »Im Fall von Avery und seinen Vorläufern verhält sich die Sache ähnlich. Das ist sicherlich sehr bedauerlich, aber man darf einfach nicht vergessen, daß die Entschlüsselung des Erbmaterials ein langwieriger Erkenntnisprozeß war, der sich über viele Jahrzehnte hin erstreckte. Und wo Menschen denken, geschehen nun mal Fehler. Auch ich mußte während meines Studiums Lehrbücher durchackern, die Aussagen enthielten, welche sich später als kompletter Irrtum entpuppen sollten.«

»Aktuellstes Stichwort in der Gen-Forschung ist derzeit das sogenannte ›Genom-Projekt‹, das von James Watson, dem Mitentdecker der Doppelhelix, koordiniert wird. Was dürfen wir davon erwarten?«

»Die Erforschung der Anatomie unseres Erbguts läuft auf Hochtouren. In allen Ländern sind die Forscher damit beschäftigt, Gene zu identifizieren, im Chromosomensatz zu kartieren und in ihrer Basensequenz zu entschlüsseln. Bereits in zehn Jahren kennen wir vielleicht alle Gene, was gewaltige Konsequenzen haben dürfte, da die Medizin dadurch sicherlich ganz entscheidende Verbesserungen erfahren wird.«

»Dennoch gibt es immer mehr Zeitgenossen, die diese Entwicklung beunruhigt ...«

»Sicherlich muß man die Ängste, die mit der Gentechnik verbunden sind, ernst nehmen. Auf der anderen Seite ist es eine Tatsache, daß sich derzeit unzählige Medikamente auf dem Markt tummeln, von denen man nicht immer in allen Einzelheiten weiß, wie sie letztlich mit dem Körper interagieren. Gerade in dieser Hinsicht birgt das Genom-Projekt für die Menschheit ein gewaltiges Hoffnungspotential, denn es wird auf der biologischen Ebene künftig ganz gezielte Eingriffe in den menschlichen Körper ermöglichen, die für uns alle entscheidende gesundheitliche Vorteile bringen werden.«

III
ERFINDERPECH

*F*riedrich Dessauer, Professor für Medizinische Physik, erzählt uns 1952 in seinem Buch »Forscher und Erfinder ändern die Welt« folgende Begebenheit: »1903 hielt ich in einem naturwissenschaftlichen Verein (...) einen Experimentalvortrag über drahtlose Telegraphie. Damals stand die Erforschung des Nordpols vielfach im Vordergrund des Interesses. Expeditionen wie die von Amundsen, Peary, Cook und anderen zogen aus, und man hörte manchmal Jahr und Tag nichts mehr von ihnen. Und so schloß ich an jenem Abend meinen Vortrag mit der zuversichtlichen Hoffnung, daß in nicht zu ferner Zeit Forscher, wie diese, um deren Schicksal man bangte, mit dem Mittel der drahtlosen Telegraphie dauernd in Verbindung mit der Heimat oder mit anderen menschlichen Siedlungen stehen könnten. Dieses Ende des Vortrags hatte eine merkwürdige Folge: Der Vorsitzende der Gesellschaft sagte in seinem Schlußwort, daß man das enthusiastische Wunschbild der Jugend des Vortragenden zugute halten solle, da man in Wirklichkeit an solche Möglichkeiten gar nicht denken könnte. Nun, was dem Herrn Präsidenten damals phantastisch schien, das ist ein paar Jahre später Wirklichkeit gewesen, und von da bis zum heutigen Tag ist sehr viel dazu gekommen.«

Es war dies nicht das erste Mal, daß technische Entwicklungen gewaltig unterschätzt und als »unmöglich« oder »unrealistisch« abqualifiziert wurden. Erfinder hören derartige Stellungnahmen ihr ganzes Leben lang. Aber sie lernen damit umzugehen. Denn sie sind von Natur aus Optimisten. Weniger Altes zu verbessern, sondern Neues zu kreieren, lautet ihre Devise. Und dies mit gutem Grund: Da sie meist keine fundierte wissenschaftliche Ausbildung durchlaufen haben, müssen sie sich nicht notwendigerweise im Rahmen konventioneller Denkmuster und Lehrmeinungen bewegen, was ihnen faszinierende Perspektiven eröffnen kann, die dem herkömmlich arbeitenden Wissenschaftler von vornherein verschlossen bleiben.

Das Erfinderleben selbst ist hart, denn wie alle Pioniere hat auch der Erfinder den Weg freizukämpfen, den andere nach ihm gehen werden. Im Gegensatz zur Wissenschaft, die ihren Vertretern zumindest ein gut organisiertes Umfeld bietet, muß er sich in seiner Rolle als Einzelgänger zusätzlich zu seinen Forschungsaktivitäten mit allerlei unbequemen Dingen herumquälen. So liegt es an ihm, Geldgeber zu suchen, um seine Ideen in die Praxis umzusetzen, und um die dafür erforderlichen Patentanträge ordnungsgemäß einzureichen, muß er sich mit juristischen Aspekten vertraut machen. Nicht zuletzt sollte er aus eigenem Interesse auch ein gutes Verhältnis zur Medienwelt pflegen. Alles Dinge, die ihm in der Regel ein Greuel sind. Außerdem sieht er sich ständig dem Kampf mit den verschiedensten Interessengruppen ausgesetzt, muß also einen erheblichen Teil seiner Energie in die direkte Auseinandersetzung mit seinen Kritikern investieren, andernfalls seine Geldgeber – sofern er überhaupt welche gefunden hat – womöglich unsicher werden und abspringen.

1

Widerstände am laufenden Meter

Begnadete Erfinder, die ihrer Zeit voraus waren

>»Durch Erfindungen sein Glück zu machen,
> ist eine saure, schwere Arbeit,
> die wenige zum Ziel führt und schon
> unzählige Leute zugrunde gerichtet hat.«

WERNER VON SIEMENS,
Begründer der Elektrotechnik

Ein Baron wird entmündigt

Unter den Notizen des Motorpioniers Rudolf Diesel findet sich folgender Eintrag: »Es gibt kein verlogeneres Sprichwort als das vom Genie, das sich selbst durchringt. Von 100 Genies gehen 99 unentdeckt zugrunde, und das huntertste pflegt sich nur unter unsäglichen Schwierigkeiten durchzusetzen. Aus dieser letzten Tatsache zieht dann die Allgemeinheit den falschen Schluß, geniale Begabung sei immer mit einer ebenso großen Begabung für die Überwindung äußerer Schwierigkeiten verbunden.«

Als klassisches Beispiel für Diesels Behauptung gilt das tragische Schicksal des badischen Erfinders Karl Friedrich Freiherr von Drais (1785-1851). Bezeichnenderweise kann Drais keiner einzigen seiner Erfindungen zu Lebzeiten zum Durchbruch verhelfen: Seine Notenschriftmaschine, die mit Hilfe einer speziellen Klaviertastatur musikalische Improvisationen festhält, wird zwar mit anerkennenden Worten gelobt, verschwindet aber ebenso schnell wieder in der Versenkung wie eine von Drais konstruierte Schreibmaschine.

Ebensowenig Erfolg ist dem badischen Forstmeister mit seinem Laufrad vergönnt, dem eigentlichen Vorläufer des Fahrrads, von dem es im Prinzip nur das Fehlen von Tretkurbel und Kette unterschied. Überall werden die zweirädrigen Gebilde mit Spott überhäuft. Berühmt geworden ist in diesem Zusammenhang vor allem ein Gutachten des Straßenbaudirektors Major Tulla, das dieser im Auftrag des Badischen Innenministeriums angefertigt hatte. Wir lesen dort:

»Gegen die Draisische Laufmaschine dürfte sich einwenden lassen:

1. daß der Laufende außer seinem Gewicht auch das der Laufmaschine fortbringen muß;
2. daß die Kraftäußerung der Füße dadurch, daß solche nicht fest, sowie auch dadurch, daß sie wegen des Sitzens auseinandergesperrt aufgestellt werden können, geschwächt wird;
3. daß die Maschine auf rauhem, auf weichem und auf sandigem Boden und Winterszeit in gefallenem Schnee vielen Widerstand findet und gerade in diesen Fällen die Kraftäußerung der Füße schwieriger wird. (...)

Aus den angeführten Gründen muß ich den großen praktischen Nutzen der Laufmaschine des Freiherrn von Drais in Zweifel ziehen.«

Nach zähem Ringen erhält Drais dennoch ein Patent für seine Erfindung. Allerorts sorgt er mit seinen öffentlichen Fahrradvorführungen für Aufsehen, wird dafür aber nach wie vor belächelt. Das »Journal de Paris« bezeichnet ihn 1818 exemplarisch als »liebenswerten Spinner«, dessen Erfindung allenfalls »gut für das Museum« sei.

Drais-Biograph Hermann Ebeling weist ergänzend auf ein unveröffentlichtes Manuskript aus der Bibliothek des Trinity College in Cambridge hin, das ein Referat enthält, welches »im Jahre 1837 vor den Mitgliedern einer gelehrten Gesellschaft (der Militärakademie?) gehalten wurde«. Gewisse dort enthaltene Passagen könnten ebensogut heute verfaßt worden sein:

»Aber so wie es bei jeder bemerkenswerten Erfindung der Fall ist, erhob sich bald ein Schrei der Entrüstung gegen die Velozipede. Die alten Damen bemerkten: ›Das sind so närrische Dinger!‹ Nun, es war sehr natürlich, daß die alten Damen das sagten, denn alte Damen können nicht auf Velozipeden reiten. (…) Doch andere Übel kamen hinzu. Wenn Velozipede auf dem Gehsteig fuhren – was sie nicht tun sollten –, kamen sie Kindern in die Quere, oder Kinder kamen ihnen in die Quere und alarmierten ihre Kindermädchen. Unbesonnene und unachtsame Reiter stießen unglücklicherweise gegen dicke Leute, und alle dicken Leute und alle alten Ladies riefen, daß Velozipede zuviel Platz auf den Gehsteigen wegnähmen, besonders natürlich, wenn diese sowieso schon schmal waren. (…) Die Polizisten mit Unterstützung der dicken Männer, der Nachtwächter, der alten Damen, der großen Männer, des Pöbels, der Minister seiner Majestät und die Pferde verschworen sich, um die Velozipede kleinzukriegen. Wer wollte einer solchen Phalanx widerstehen?«

Der badische Erfinder leidet unter der Situation so sehr, daß ihn der Alkohol in seinen Bann zieht und er unter Verfolgungswahn zu leiden beginnt. Er deckt die Behörden mit Briefen ein, deren anklagender Ton immer drastischer ausfällt. Am 10. Dezember 1851 wird Drais entmündigt. Kurz darauf stirbt er.

Was für eine Genugtuung müßte es doch für diesen Mann sein, könnte er heute all die Millionen von Velofahrern sehen, die sich elegant durch die Straßen dieser Welt schlängeln!

Opfer ihrer Zeit

Nicht viel besser als Drais ergeht es vielen Erfindern um die Jahrhundertwende:

– Als der österreichische Förster Josef Ressel in der ersten Hälfte des 19. Jahrhunderts auf die revolutionäre Idee kommt, anstelle von Schaufelrädern eine archimedische Schraube zur Fortbewegung von Schiffen einzusetzen, vertraut er auf die Aufrichtigkeit der Herren, denen er seine Erfindung vorstellt. Seine Enttäuschung ist groß, als die Franzosen, denen er seine Skizzen vorübergehend zum Studium überläßt, seine Idee übernehmen, ohne ihn angemessen dafür zu entschädigen. Schwer zu verstehen ist, daß Ressel aus dieser Erfahrung nicht die notwendigen Lehren zieht. Wieder und wieder wird er samt seinen Ideen über den Tisch gezogen. Als er sich in seiner Verzweiflung auf juristischem Weg sein Recht zu holen versucht, blitzt er ab. Schließlich erlöschen seine Patentansprüche, ohne daß er bis dahin irgendeinen größeren Nutzen aus seiner Erfindung gezogen hat. Zu allem Übel kommt noch dazu, daß sich seine bahnbrechende Idee, Briefe per Luftdruck zu befördern (sie sollte später im Rahmen der Rohrpost verwirklicht werden) nicht durchsetzen kann.

– Als Wilhelm Bauer, Erfinder des ersten deutschen Unterseebootes, seine Konstruktion 1851 ins Wasser läßt, wird die Brisanz seiner Entwicklung nicht erkannt. Jahrhundertelang reist Bauer zwischen seinem Heimatland, England und Rußland hin und her, um seine Erfindung

Regierungen und Militärs schmackhaft zu machen. Dabei muß er mitansehen, wie ihm finanzielle Raffgier und politische Intrigen allerorts einen Strich durch die Rechnung machen. Mit allen möglichen Tricks und falschen Versprechungen versucht man, ihm die technischen Geheimnisse seiner Erfindung abzuluchsen. Für seine Entwicklung der ersten unter Wasser tauglichen Geschütze wird Bauer von der Öffentlichkeit gar mehrheitlich verlacht. Unverstanden stirbt der geniale Erfinder am 18. Juni 1875 im Alter von nur 53 Jahren.

– Als der Physiker Philipp Reis am 26. Oktober 1861 vor die Mitglieder des Frankfurter Physikalischen Vereins tritt und ihnen stolz das erste Telefon präsentiert, wird seine Erfindung abschätzig als »Spielerei« bezeichnet. Die von Johann Christian Poggendorff herausgegebene Zeitschrift »Annalen der Physik und Chemie« lehnt einen Artikel Reis' gar als »ungeeignet« ab. Auch die Gießener Versammlung Deutscher Naturforscher und Ärzte urteilt 1864 ähnlich. Zwar hört man seinen Erläuterungen dort höflich zu, die Bedeutung seiner revolutionären Erfindung wird aber erneut nicht erkannt. Zehn Jahre später stirbt Philipp Reis, »enttäuscht und vergessen«, wie uns seine Biographen überliefern, an den Folgen einer Lungentuberkulose.

– Als der Erfinder Peter Mitterhofer dem Wiener Handelsministerium 1866 den Prototyp einer von ihm konstruierten Schreibmaschine zur Begutachtung vorlegt, loben die zwei herangezogenen Professoren des Wiener Polytechnischen Instituts zwar höflich die technischen Glanzpunkte seiner Konstruktion, messen ihr selbst aber keine große Bedeutung bei: »Zur Beurteilung des Wertes und der praktischen Verwendbarkeit dieser Erfindung müssen die Unterzeichneten bemerken, daß eine eigentliche Anwendung dieses Apparates nicht wohl zu erwarten stehe, indem zur Behandlung desselben, selbst wenn mit sehr mäßiger Geschwindigkeit gearbeitet werden soll, eine nicht geringe und fortgesetzte Übung erforderlich ist und selbst bei ausgebildeter Fertigkeit niemals dieselbe Geschwindigkeit und Sicherheit wie beim gewöhnlichen Schreiben erreicht werden dürfte.«

– Als Théodose-Achille-Louis du Moncel der Pariser Académie des Sciences 1878 Edisons Phonographen präsentiert, schießt der Mediziner Jean-Baptiste Bouillaud zornig aus seinem Stuhl auf und beschuldigt du Moncel der Bauchrednerei. (So berichtet es uns eine von vielen Autoren immer wieder aufgegriffene Anekdote. Zurück geht sie auf einen Bericht von Max Kemmerich, dessen 1910 erschienene »Kultur-Kuriosa« allerdings keine exakte Quellenangabe präsentieren. Den Originalbericht konnte ich bisher nicht eruieren. Dafür stieß ich in Nr. 86/1878 der von der Académie abgefaßten »Comptes rendus« auf einen Artikel, der zumindest den Inhalt der Präsentation du Moncels wiedergibt.)

– Als der Düsseldorfer Ingenieur Christian Hülsmeyer 1904 verschiedenen Fachleuten sein Telemobiloskop, das erste Radargerät der Welt, vorstellt, erntet er dafür zwar viel Lob, aber an der kommerziellen Auswertung seines Gerätes zeigt sich jahrzehntelang niemand interessiert. Selbst die deutsche Reichsmarine erkennt die Tragweite von Hülsmeyers Entwicklung nicht. Ihre lapidare Antwort: »Kein Interesse. Wir haben bessere Ideen!« Als Hülsmeyer die finanziellen Mittel für die Aufrechterhaltung seines Patents nicht mehr aufbringen kann, wendet er sich enttäuscht anderen Tätigkeiten zu.

Benz und sein »Hexenkarren«

Eine Erfindung spaltet die Menschen um die Jahrhundertwende ganz besonders: das Automobil. Den Grundstein für dessen Entwicklung legt der deutsche Erfinder Nikolaus August Otto (1832-1891) in den siebziger Jahren des 19. Jahrhunderts mit der Konstruktion seines legendären Viertaktmotors, und schon bald machen sich innovative Tüftler daran, Ottos Erfindung weiterzuentwickeln.

Der Ingenieur Carl Friedrich Benz (1844-1929) ist einer von ihnen. Bereits während seiner Jugendzeit sinniert er über eine »Kutsche ohne Pferde« nach, und er setzt alles daran, diesen Traum in die Tat umzusetzen. In der Silvesternacht des Jahres 1879 gelingt es ihm, seinem Zweitaktmotor Leben einzuhauchen. Nun gilt es dafür nur noch Interessenten zu finden. Doch die Welt zögert.

In seiner Autobiographie macht Benz seinem Unmut darüber Luft: »Wo immer etwas Großes geleistet worden ist auf dem Amboß der Technik, da waren Hammerschläge nötig. Widerstände mußten niedergebrochen, Zeitmeinungen zusammengehämmert werden, damit die neue Form mit unbeugsamer Gestaltungskraft herauswachsen konnte, allen finanziellen Hemmungen und geschäftlichen Widerständen zum Trotz. So ging's auch mir. Von der großen Zukunft der Explosionsmotoren hatte um diese Zeit die Welt noch keine Ahnung. Im Gegenteil! Je sachverständiger und klüger die Leute waren, desto mehr schwärmten sie für die Dampfmaschine und desto geringschätziger sahen sie herab auf die Gasmaschinen. Auch in meinen Mannheimer Bekanntenkreisen fand sich niemand, der sein Vertrauen zur Motorensache durch ›Investierung eines bestimmten Kapitals‹ beweisen wollte.«

1883 findet Benz doch noch einen Sympathisanten, den er dazu gewinnen kann, als Teilhaber einzusteigen. Von da an geht es bergauf. Motor um Motor wird produziert. Nur zwei Jahre später präsentiert Benz der verdutzten Öffentlichkeit sein erstes Automobil. Gutgelaunt unternimmt er mit dem knatternden Dreirad verschiedene Testfahrten.

Lassen wir ihn die Reaktionen, die ihn damals erreichten, mit seinen eigenen Worten schildern: »Auf einmal aber kommt das Verhängnis – in Gestalt der ersten ›Panne‹. (...) Der Lenker steigt ab, kniet nieder, bastelt und flickt. Die Menschen sammeln sich an, lächeln und lachen. Das Staunen und Bewundern schlägt um in Mitleid, Spott und Hohn. Wie hier beim ersten Male, so entspann sich bei jedem Steckenbleiben in der Stadt oder später draußen in den Dörfern eine Debatte vernichtendster Kritik. ›Eine Spielerei, die nichts ist und nichts wird‹, meinten die einen. ›Wie kann man sich in so einen unzuverlässigen, armseligen, laut lärmenden Maschinenkasten setzen, wo es doch genug Pferde gibt auf der Welt und die elegantesten Kutschen und Droschken obendrein‹, sagten die anderen. ›Schade um den Mann‹, meinten die ›Sachverständigeren‹, ›er wird sich und sein Geschäft ruinieren mit dieser verrückten Idee.‹ Und ein treuherziger Berliner gab mir den wohlgemeinten Rat: ›Wenn ich einen solchen Stinkkasten hätte, würde ich zu Hause bleiben.‹«

Benz hatte es wahrhaft nicht leicht: Überall, wo er mit seinem neuen Gefährt auftaucht, ist der Teufel los. Kinder stürmen hinter dem Wagen her, verkünden schreiend die Ankunft des »Hexenkarrens«. Andere bekreuzigen sich, und dritte laufen gar hysterisch kreischend davon. Dennoch unternimmt er mit seinem Automobil weitere Testfahrten und verfeinert dessen Mechanik von Tag zu Tag, bis er sich am 29. Januar 1886 ein Patent auf seine Erfindung ausstellen läßt.

Allmählich beginnt die Öffentlichkeit ihr Mißtrauen gegenüber dem neuen Gefährt abzubauen, wenngleich die kritischen Stimmen nicht verstummen wollen. In »Herders Jahrbuch der Naturwissenschaften 1888/89« lesen wir folgende Zeilen eines gewissen Dr. van Muyden, Bibliothekar des Kaiserlichen Patentamtes in Berlin:

»Auch hat Benz einen Benzinwagen gebaut, welcher auf der Münchener Ausstellung Aufsehen erregte. Diese Anwendung der Benzinmaschine dürfte indessen ebensowenig zukunftsreich sein, wie die des Dampfes auf die Fortbewegung von Straßenfuhrwerken.«

Lästige Tempolimits

Kurze Zeit später werden Benz neue Steine in den Weg gelegt. Diesmal sind es die Behörden, die sich stur stellen. Es beginnt damit, daß sich Benz' Mitarbeiter einen Spaß daraus machen, während ihrer Testfahrten mit Höchstgeschwindigkeit an aufgebrachten Polizisten vorbeizubrausen, woraus eine Anzeige gegen den Erfinder resultiert. Benz wird vor das Mannheimer Bezirksamt zitiert, wo ihm mit erhobenem Zeigefinger dargelegt wird, daß »Fahren mit elementarer Kraft« gemäß eines Landtagsbeschlusses in Baden rechtswidrig sei.

Der innovative Ingenieur läßt sich das nicht gefallen und schafft es nach zähem Ringen auch, daß die umstrittene Verordnung wieder aufgehoben wird. Das Ganze entpuppt sich freilich als Pyrrhussieg, denn die behördlichen Vertreter legen gleichzeitig mit der Aufhebung ein innerstädtisches Tempolimit von sechs Stundenkilometer fest. Außerorts einigen sie sich auf die doppelte Geschwindigkeit.

Benz entschließt sich zu einer List. Er lädt die verantwortlichen Herren nach Mannheim ein und läßt sie am Bahnhof von einem seiner Fahrer abholen, um sie von dort in seinem Automobil weiterkutschieren zu lassen. Seinem Mitarbeiter schärft er in aller Deutlichkeit ein, nicht schneller zu fahren, als es die neue Weisung erlaubt.

Anfänglich erfreuen sich die behördlichen Vertreter während ihrer Spritztour genüßlich. Doch schon bald beginnt sie das lahme Tempo zu langweilen. Als schließlich ein Milchfuhrmann das Benzsche Gefährt mit einem süffisanten Lächeln in den Mundwinkeln überrundet, ist es mit der Ruhe der ministerialen Fahrgäste vorbei. »He, Sie!« schreien sie dem Fahrer aufgebracht zu. »Können Sie denn nicht schneller fahren?« Der Angesprochene schüttelt vielsagend den Kopf: »Ich könnte schon, aber das ist doch polizeilich verboten ...« Die Behördenvertreter winken unwirsch ab: »Ei was, fahren Sie mal zu, sonst fährt uns ja jede Milchkutsche vor!«

»Damit«, so schreibt Benz in seiner Autobiographie, »wurde der Bann gebrochen, und die Freizügigkeit des Motorwagens war in der Folge weder gebunden an die Grenzsteine des heimischen Amtsbezirks noch an die engherzigen Geschwindigkeitsvorschriften einer veralteten Kutscherepoche.«

Das erste Motorboot

Benz' größter Konkurrent auf dem Motorensektor ist Gottlieb Wilhelm Daimler (1834-1900), der als Konstrukteur des ersten vierrädrigen Autos sowie als Erfinder des Motorrads in die Geschichte einging.

In einem Werk von Werner Walz zur Geschichte des Automobils findet sich das (leider undatierte) Faksimile eines im »Schwäbischen Merkur« erschienenen Artikels aus der Zeit des frühen 20. Jahrhunderts, der Daimler einmal aus einer etwas anderen historischen Perspektive zeigt, nämlich als Begründer des Motorbootwesens: »Im Jahre 1886 baute Gottlieb Daimler seinen wenige Jahre zuvor konstruierten Motor auch in ein kleines Boot ein. Es wurden Probefahrten auf dem Neckar veranstaltet. Das mußte aber ganz geheim geschehen, da die Menschen damals eine ganz unglaubliche Angst vor dem Benzin hatten.«

Es muß wirklich ein kurioses Schauspiel gewesen sein: Nachts schleichen sich Daimlers Mitarbeiter ans Wasser, bauen den Motor ein und absolvieren damit heimlich ihre Tests. Kaum aber tauchen am Morgen die ersten Passanten auf, wird die kleine Versuchsmaschine eilends wieder ausgebaut und zur Fabrik zurückgeschafft.

Gelegentlich jagt der laut polternde Motor dem einen oder anderen zufällig dazugestoßenen Schaulustigen dennoch einen gehörigen Schrecken in die Glieder, und so entschließt sich Daimler zu einer kleinen List. Durch allerhand Drähte, die er am Bootsrand anbringt, täuscht er den ängstlichen Beobachtern einen elektrischen Antrieb vor und dämpft damit ihre Furcht vor Explosionen.

Daß Daimlers Testfahrten von der Polizei wortlos geduldet wurden, hatte seinen Grund im mißtrauischen Verhalten seiner Nachbarn. Mitunter hörten diese aus der Werkstatt des Meisters nämlich verdächtig klopfende Geräusche kommen, was in ihnen den Verdacht aufkeimen ließ, ihr merkwürdiger Mitmensch betreibe womöglich eine eigene Falschmünzerwerkstatt.

Als die alarmierte Polizei eines Nachts in die vermeintliche Geldfabrik eindrang, dort aber lediglich auf Werkzeuge, Zahnräder und Motorenteile stieß, rettete Daimler die verdutzten Beamten mit einem cleveren Kompromißangebot aus ihrer peinlichen Lage: Er werde – so schlug er lächelnd vor – das Ereignis stillschweigend für sich behalten, vorausgesetzt man behellige ihn nicht bei seinen nächtlichen Motorbootversuchen. Die Polizisten äußerten zähneknirschend ihr Einverständnis. Die heimlichen Tests waren – zumindest inoffiziell – abgesegnet.

Am 15. Oktober 1888 präsentiert Daimler in Hamburg sein Motorboot erstmals der Öffentlichkeit. Der bereits erwähnte »Schwäbische Merkur« zitiert dazu einen Augenzeugenbericht von Alfred Lewerenz:

»Gottlieb Daimler war mit seinem Sohn Adolf nach Hamburg gekommen, um weiten Kreisen seine Erfindung vor Augen zu führen. Als ich das sieben Meter lange Holzboot (…) steuerte, (…) erregte das auf den hohen Wellen bedenklich schaukelnde Boot allgemeines Erstaunen und Rätselraten, woher es seine Kraft entnehme. Man sah keinen Rauch, hörte keinen Lärm und entdeckte nur einen kleinen, viereckigen Kasten. (…) Der Leiter einer unserer größten Werften bei der Vorführung erklärte mir freundlich und wohlwollend: ›Glauben Sie nicht, junger Freund, daß jemals ein Schiff mit so einem Nähmaschinchen die See befahren wird.‹ Ich konnte den Herrn im Jahre 1917 an seinen Ausspruch erinnern, als ich ihm bei einer Fachtagung zu seinen erfolgreichen U-Boot-Bauten Glück wünschte.«

Freitod als letzter Ausweg

Zu den Automobil-Pionieren zählt auch Rudolf Diesel (1858-1913). Bereits in jungen Jahren träumt Diesel davon, einen Motor zu entwickeln, der die bis dahin vorhandenen Antriebsmaschinen wirtschaftlich gesehen in den Schatten stellt. Diesels Grundidee, auf einen Vergaser zu verzichten und den Kraftstoff seiner Maschine statt dessen mit heißer, verdichteter Luft zu entzünden, um eine optimale Brennstoffnutzung zu erreichen, zahlt sich aus: 1892 wird ihm für seinen technischen Husarenstreich ein Patent ausgestellt.

Nach zähem Ringen mit der Industrie gelingt es ihm, den neuen Motor erfolgreich zu lancieren. Diesel wird ein reicher Mann. Doch auf dem Höhepunkt des Erfolgs treten unerwartete Komplikationen auf: Andere Konstrukteure versuchen ihm seine Errungenschaft durch juristische Anfechtung der Patentschriften streitig zu machen. Langwierige Prozesse sind die Folge, die dem Erfinder psychisch mehr zu schaffen machen, als er gegenüber seinen Mitmenschen zugibt. Kommt dazu, daß sein Imperium von Tag zu Tag wächst; überall ist seine Anwesenheit erforderlich. Der erfolgreiche Motorbauer eilt von einem Problemherd zum nächsten. Mehrere Aufenthalte in Nervenheilanstalten sind die Folge.

Durch Diesels krankheitsbedingte Absenz in seinen Produktionsstätten ist der Teufelskreislauf perfekt: Allerorts setzt der große Pfusch ein. Fehlerhafte Motoren werden ausgeliefert, die Klagen häufen sich, also versucht der Erfinder – kaum aus der Klinik entlassen – zu retten, was noch zu retten ist. Mit letztem Elan stürzt er sich erneut in den Arbeitsstrudel, der ihm beinahe den Atem verschlägt.

»Die Kämpfe der letzten Jahrzehnte hatten in ihm doch einen Bruch zurückgelassen«, vermerkt Sohn Eugen in seiner Diesel-Biographie. »Mir möchte scheinen, als hätte die unglaubliche geistige und seelische Beanspruchung, als hätten die wahnsinnigen Pendelschläge der Kampfzeit eine Überdehnung von Diesels seelischer Elastizität mit sich geführt, einen Verbrauch der das ganze Wesen des Menschen zusammenspannenden seelischen und geistigen Bänder.«

Finanzielle Fehlinvestitionen und unsichere Geldanlagen folgen. Die kaufmännischen Talente Diesels entsprechen in keiner Weise seiner technischen Begabung. Aber er ist zu stolz, sich dies einzugestehen. Der finanzielle Ruin des einstigen Millionärs rückt unaufhaltsam näher.

Diesels depressive Anfälle gipfeln in der Planung seines Selbstmordes. Er verbrennt Berge von Akten, besucht noch einmal Freunde und Verwandte und schifft sich dann nach London ein. In der Nacht vom 29. zum 30. September 1913 springt Diesel von Bord. Seiner Familie hinterläßt er einen gewaltigen Schuldenberg.

Wer hat das Auto tatsächlich erfunden?

Wenn ich Daimler und Benz im Verlauf dieses Kapitels als Väter des Autos vorgestellt habe, so entspricht dies der allgemein verbreiteten Meinung, wie ich sie heute in vielen Fachbüchern und Lexika wiedergegeben finde. Wer sich eingehender mit der Geschichte des Automobils beschäftigt, bemerkt aber schnell, daß Bemerkungen wie diese nicht kommentarlos zitiert werden sollten, steht doch im Technischen Museum in Wien bis auf den heutigen Tag ein vierrädriger Wagen mit Benzinmotor des Mecklenburger Mechanikers Siegfried Marcus (1831–1898).

Bereits in der zweiten Hälfte der sechziger Jahre fertigte der nach Wien emigrierte Marcus einen Prototyp seines Gefährts an. 1873 stellte er der Öffentlichkeit auf der Wiener Weltausstellung ergänzend dazu den ersten Benzinmotor mit elektrischer Zündung vor. In diesem Zeitraum (das exakte Jahr ist umstritten) soll er die Fachwelt auch mit einem zweiten, verbesserten Automobil verblüfft haben, ebenjenes, das bis heute in Wien besichtigt werden kann. Dieser etliche Jahre vor Daimler und Benz konstruierte und benzinbetriebene Viertakter verfügte bereits über Kupplung, Vergaser, Wasserkühlung, Leerlauf, Schneckenradsteuerung, Andrehvorrichtung, eine Drosselklappe sowie eine elektrische Zündung.

Seltsamerweise unterließ es Marcus, ein Patent auf sein Fahrzeug anzumelden. Ein Umstand, der seinen Kritikern in diesem Jahrhundert willkommenen Stoff für ihre Spekulationen lieferte. War Marcus' Gefährt womöglich nicht fahrtauglich? Hatte der Mecklenburger Auswanderer im letzten Augenblick kalte Füße bekommen? Erst das Jahr 1950 brachte neue Aufschlüsse: Im Rahmen einer Jubiläumsfeier zu Ehren des Erfinders wurden sämtliche Teile des in Wien ausgestellten Automobils einer gründlichen Reinigung unterzogen. Vor den Augen zahlreicher Schaulustiger warf man daraufhin den Motor an, und siehe da, der Wagen fuhr tatsächlich.

1988 wurde die Vorführung wiederholt. Verantwortlich dafür war Gerhard Schaukal vom Technischen Museum Wien. »Es ist im Moment nicht zweifelsfrei bestimmbar, wann Marcus' zweites Auto, das sich heute noch in unserem Besitz befindet, gebaut wurde«, erklärte er mir 1996 einschränkend. »In Frage kommen nach unseren Recherchen erst Jahreszahlen zwischen 1875 und 1888. Das Entscheidende an der Sache scheint mir aber, daß Marcus um 1865 als erster erkannt hat, daß das Benzin der entscheidende Faktor für einen leistungsfähigen Motor ist, und er bereits um 1870 nachweislich ein Automobil fabriziert hat, von dem uns heute leider nur noch eine datierte Photographie vorliegt.«

Schaukals Ausführungen sind auffällig vorsichtig ausgefallen, wie sich jeder überzeugen kann, der sich durch eine umfangreiche Dokumentation arbeitet, die der Fachautor Alfred Buberl 1994 der Öffentlichkeit vorlegte. Anhand zahlreicher historischer Zeugnisse belegt Buberl minutiös, daß Siegfried Marcus allen kritischen Einwänden zum Trotz sehr wohl als Erfinder des ersten Automobils angesehen werden muß.

Im Rahmen seines Indizienbeweises führt der Marcus-Experte unter anderem einen 1904 in der »Allgemeinen Automobil-Zeitung« veröffentlichten Bericht Albert H. Curjels an, in welchem sich dieser an eine frühe Testfahrt mit Marcus' Gefährt erinnert: »Im Jahre 1866 lud mich Marcus ein, sein erstes Automobil zu probieren. Ich folgte dieser Einladung mit dem größten Vergnügen. (...) Schließlich begann der Motor fauchend seine Arbeit und Marcus lud mich ein, auf dem Handwagen Platz zu nehmen. Er selbst betätigte die Lenkung. Es gelang tatsächlich, das Fahrzeug in Betrieb zu setzen, und wir fuhren eine

Strecke von gut 200 Meter. Dann aber versagte die Maschine, und unsere Probefahrt war endgültig zu Ende.«

Als weiterer historischer Kronzeuge fungiert der Wiener Schriftsteller Emil Ertl, der ein komplettes Kapitel seiner 1927 erschienenen »Geschichten aus meiner Kindheit« der lebhaften Beschreibung einer Probefahrt durch die Straßen Wiens widmet, die er (bereits um 1871!) in Marcus' zweitem Automobil absolviert haben will.

Wie Ertls Ausführungen zeigen, mußte sich offensichtlich auch Marcus, ähnlich wie später Daimler und Benz, mit engstirnigen Behördenvertretern herumschlagen:

Wir fuhren! Fuhren ohne Pferde dahin! Fuhren wie durch geheime Zauberkraft getrieben auf einem schäbigen Benzinwagen mitten auf der Mariahilfer Straße spazieren! Und es war ein königliches Gefühl, an einer so außergewöhnlichen, einer schier magischen Fahrt teilnehmen zu dürfen. Aber der Herrlichkeit sollte, ach, eine allzu kurze Frist gesetzt sein. Die Behörde war stets eine Freundin des Stillstands gewesen, es gefiel ihr nicht, daß sich etwas bewegte, noch dazu auf ungewohnte Art. (...) Wir waren auf unserer im Schneckentempo einherratternden Benzinkutsche kaum ein paar hundert Ellen weit gekommen, als sich auch schon eine geschlossene Kette von Polizisten unserem weiteren Vordringen mannhaft entgegenstellte und den schuldigen Wagenlenker von seinem Sitz herunterholte.

Bestürzt verantwortete Marcus sich dahin, daß es ihm ohnedies gelungen sei, die durch den Antrieb verursachten Geräusche erheblich herabzusetzen. Vergeblich! Er wurde, da den Ohren der Behörde der Unterschied unmerklich geblieben war, wegen öffentlicher Ruhestörung und sträflicher Nichtbeachtung der amtlichen Verwarnung selbst als verfallen erklärt und mit Beschlag belegt. Mir halb und halb Mitschuldigem schenkte man weiter keine Beachtung und ließ mich laufen.

Als ich mich aus dem Staub machte und noch einmal zurückblickte, konnte ich gerade noch wahrnehmen, wie der erste Benzinkraftwagen, den die Welt gesehen, der ehrwürdige Ahne aller heutigen Benzinautomobile, durch einen mageren Droschkenklepper, den man von einer Einspännerkutsche ausgeborgt hatte, unter dem tollen Jubel der Menge fortgezogen wurde. Eine kleine Armee von Polizeimannschaft umringte ihn und marschierte stramm neben ihm her. Und dahinter, ebenfalls von einem Trupp Sicherheitswache geleitet, als handle sich es um die Einbringung eines Schwerverbrechers, schritt mit gesenktem Haupt der ›Spinnerich‹ dahin.«

2

Eine einzige Leidensgeschichte

Die Entwicklung der Dampfmaschine

> »Es sei vielleicht noch erwähnt, daß es um die
> Mitte des 19. Jahrhunderts in Zürich Ärzte gab,
> die das Eisenbahnfahren als äußerst gesund-
> heitsschädigend bezeichneten. Der Mensch
> werde durch die fürchterlich hohe Geschwindig-
> keit in ein gefährliches ›Delirium furiosum‹
> versetzt, wodurch er aller Sinne beraubt werde.«
>
> OSKAR WELTI, Publizist

Ein Dogma fällt

Wer heute in einem komfortablen Eisenbahnwagen von München nach Paris flitzt, denkt wohl kaum daran, daß die Realisierung der Eisenbahn noch vor knapp 200 Jahren als utopisch und jeglicher vernünftigen Grundlagen entbehrend verschrien wurde. Tatsächlich ist die Geschichte der Dampfmaschine – die eng mit der Entwicklung der ersten Lokomotiven verbunden ist – eine regelrechte wissenschaftliche Leidensgeschichte.

Begonnen hatte alles mit der provokativen Behauptung des Magdeburger Physikers Otto von Guericke (1602-1686), er könne die Existenz eines Vakuums experimentell nachweisen. Provokativ war diese Aussage deshalb, weil die Nichtexistenz des Vakuums damals noch als wissenschaftliche Tatsache gehandelt wurde, als unverrückbares Dogma. Doch Guericke gelang der technische Husarenstreich mit Hilfe einer von ihm erfundenen Luftpumpe tatsächlich. Wieder einmal war eine »wissenschaftliche Wahrheit« kurzerhand in sich zusammengefallen.

Es ist der große französische Physiker und Arzt Denis Papin (1647-1712), der Guerickes Ideen begeistert aufgreift und weiterdenkt. Ausgangspunkt für Papins Überlegungen ist ein kleines Buch, das er in England eines Tages vom Chemiker Robert Boyle in die Hand gedrückt bekommt. »A century of (...) inventions« lautete dessen Titel. Als Verfasser zeichnete ein gewisser Marquis of Worcester.

Stippvisite im Irrenhaus

Einschneidendes Erlebnis für Edward Somerset (1601 bis 1667), besagten Marquis, war ein Besuch gewesen, den er dem »Bicêtre«, einem Pariser Irrenhaus, in Begleitung seiner Freundin Marion Delorme abgestattet hatte. Der Zufall führte ihn zum dort inhaftierten Ingenieur Salomon de Caus, dem Erfinder und Konstrukteur einer Dampffontäne.

In einem Brief (seine Echtheit ist umstritten) beschreibt Delorme die Umstände der schicksalhaften Begegnung: »Wir gingen zum Bicêtre, wo der Marquis in einem Wahnsinnigen einen Mann von hohem Verstand zu finden hoffte. Als wir über den Hof des Hospitals gingen, war ich mehr tot als lebendig und klammerte mich ängstlich an den Arm meines Begleiters, da wir hinter den Fenstergittern de Caus erblickten, der unaufhörlich rief: ›Ich bin nicht wahnsinnig, ich bin nicht wahnsinnig! Ich habe eine Erfindung gemacht, die das Land bereichern muß, wenn sie ausgeführt wird.‹ Der Marquis ließ sich zu de Caus führen, sprach allein mit ihm und kehrte ernst und verstimmt zurück zu mir. ›Der arme Kerl ist wirklich wahnsinnig‹, sagte er. ›Unglück und Gefangenschaft haben ihn um den Verstand gebracht. Ihr Franzosen habt ihn wahnsinnig gemacht, und in ihm haltet ihr das größte Genie unserer Zeit gefangen! In meinem Vaterland England würde dieser Mann, statt im Kerker zum Wahnsinn gebracht zu werden, mit Reichtümern überschüttet werden!«

Doch auch dem Marquis ergeht es später nicht viel besser. In England wird er als Geheimagent enttarnt und im Tower von London eingekerkert, wo er die Erfindungen skizziert, die später in seinem Buch zu finden sind. Unter anderem ist dort die Rede von einem Boot, das sich ohne Wind, menschliche oder tierische Anstrengung gegen die Strömung fortbewegt, oder einer Pistole, die ohne nachzuladen »zwölfmal losgeht«.

Im 68. Abschnitt seines Werkes hält der Marquis außerdem die Früchte seiner Begegnung mit de Caus fest, indem er einen Apparat zur Nutzung des Dampfdrucks beschreibt.

Vorhang auf für den Dampfkochtopf

Papin kennt diesen Text bald in- und auswendig. Wie ein Besessener arbeitet er an der Entwicklung seiner Erfindungen. Als erster konstruiert er um 1680 den sogenannten »Dampfkochtopf«, der auf dem bis heute angewandten Prinzip basiert, daß der Siedepunkt einer Flüssigkeit um so höher liegt, je mehr sie unter Druck gesetzt wird. Die erste öffentliche Vorführung endet zwar noch in einem Desaster – Papins Kochtopf explodiert mit einem lauten Knall in tausend Stücke –, bereits die nächste Demonstration aber darf er als vollen Erfolg verbuchen. Der

Einbau eines Sicherheitsventils, ebenfalls das erste seiner Art, hatte Wirkung gezeigt.

Der Papinsche Topf tritt in der Folge seinen Triumphzug durch die Küchen der Welt an, seine Herstellung gerät zum einträglichen Geschäft. Ein Geschäft, von dem der Franzose kaum einen Pfennig zu sehen bekommt. Zu wenig weiß er seine Erfindung zu vermarkten.

Von England emigriert Papin nach Deutschland, wo er zwischen 1689 und 1691 ein U-Boot sowie die erste Zentrifugalpumpe austüftelt und parallel dazu die erste funktionstüchtige Dampfmaschine entwickelt. Die Einsatzmöglichkeiten der neuen Maschine erscheinen ihm unbegrenzt: Steine konnten seiner Meinung nach ebenso damit gefördert werden wie Wasser. Aber auch zur Fortbewegung von Schiffen scheint sie ihm mehr als geeignet.

Widerstände

Die Zeit ist für derlei Gedanken freilich noch nicht reif genug: Jahrelang greift niemand die phantastisch anmutenden Ideen und Erfindungen des Franzosen auf. Und als der Engländer Thomas Savery Papins Erfindung erfolgreich ausschlachtet und verbessert, ist der Gelehrte am Boden zerstört. Erneut sieht er keinen Pfennig, wieder wird er um die finanziellen Mittel betrogen, die er so dringend benötigt hätte.

So zieht Papin seine letzten Ersparnisse für ein gewagtes PR-Projekt zusammen. Nur mit der Hilfe eines kleinen Schaufelradbootes will er von Kassel nach London gondeln. Zweifellos eine verrückte Idee, aber der Franzose hofft, damit endlich auf die Notwendigkeit dampfbetriebener Schiffe hinweisen und seiner Erfindung so zum endgültigen Durchbruch verhelfen zu können. Ein Unterfangen, das leider kläglich scheitert: In Münden wird

ihm die Durchfahrt verweigert, und nachdem der toben-
de Gelehrte dennoch versucht weiterzufahren, wird sein
Schaufelradboot kurzerhand an Land gezogen und dort
gewaltsam in seine Bestandteile zerlegt.

Auch in England steht es nicht viel besser. Verarmt
und verbittert kämpft Papin noch einmal um wissenschaftliche Anerkennung. Eine ganze Reihe revolutionä-
rer Ideen legt er den Mitgliedern der Royal Society vor,
doch die gelehrten Herren schütteln nur ihre grauen
Häupter.

Papin war seiner Zeit zu weit voraus. Die Erkenntnis
darüber läßt ihn endgültig zerbrechen, und so will es das
Schicksal, daß sich seine Spuren in der Anonymität der
Londoner Slums verlieren, wo er um 1712 verstirbt. Nicht
einmal Todestag oder Todesursache sind uns überliefert.

Watt schafft den Durchbruch

Dem britischen Ingenieur James Watt (1736-1819) gelingt
mit seiner verbesserten Version früherer Dampfmaschi-
nen der endgültige wissenschaftliche Durchbruch. Und
als Watts Patentrechte 1806 auslaufen, wird überall bereits fieberhaft an neuen Konstruktionen gearbeitet. Bald
legen erste Dampfschiffe kleinere Strecken zurück, wenngleich »Experten« wie der Münchner Josef von Baader
nach Angaben von »Knaurs Geschichte der Technik« damals in verschiedenen Gutachten noch stichhaltig »bewiesen«, daß »die Verwendung von Dampfschiffen auf
einigermaßen schnell fließenden Strömen gänzlich unmöglich« sei.

Auch der im selben Werk als »genial« bezeichnete
bayerische Ingenieur Georg von Reichenbach »hielt
noch 1816 eine Dampfschiffahrt nur auf ruhigen Flüssen
für durchführbar, allenfalls noch bei ›nicht zu entfernten

Expeditionen am Meere««. Doch während die Kritiker der Dampfkraft noch lauthals wettern, macht man sich andernorts bereits Gedanken über dampfbetriebene Überlandfahrzeuge. Mit unermüdlichem Elan arbeiten die Eisenbahnpioniere an der Verwirklichung ihrer Ideen.

Stephenson im Kreuzverhör

An einem Frühlingstag des Jahres 1825 berät in England das parlamentarische Komitee des »House of Commons« über den Antrag George Stephensons (1781-1848) zum Bau eines Schienennetzes zwischen Manchester und Liverpool. Die hitzigen Debatten ziehen sich über Wochen hin, die konservative Opposition setzt alle Hebel in Bewegung, um Stephensons Projekt den Garaus zu machen.

Volle fünf Wochen sind bereits verstrichen, als Stephenson erstmals als Zeuge aufgerufen wird, um sich einem direkten Verhör zu unterziehen. Der britische Ingenieur berichtet über seine Forschungen, läßt seinen Lebensweg Revue passieren und beendet seine Aussagen mit einem epochalen Satz: »Ich bin fest davon überzeugt, daß es in ein paar Jahrzehnten keine Postkutschen mehr geben wird, sondern nur noch stählerne Geleise, die alle Länder der Welt durchziehen, und auf denen dampfbetriebene Wagenzüge fahren werden!«

Ein Tumult bricht aus. Einige der Abgeordneten springen aus ihren Sesseln, beschimpfen Stephenson gestikulierend als »Schwindler« und »Scharlatan«, wieder andere stimmen höhnische Schmähgesänge über den »armen Irren« an, während dritte nur ungläubig schmunzeln. Ein Einwand jagt den nächsten. Die Ignoranz der anwesenden Herren ist erschreckend:

– Der Abgeordnete Harrison: »Wir wollen uns nicht durch Utopien beeinflussen lassen, meine Herren. Mr.

Stephenson spricht von Lokomotiven. Sie wissen alle, daß es sich dabei um Maschinen handelt, die durch Feuer angetrieben werden. Würde man nun so eine Maschine auf Geleisen fahren lassen, und es würde einmal regnen, so würde das Feuer dadurch bald erlöschen. Man könnte den Dampfwagen natürlich in Decken einpacken, aber sie würden wohl durch den Luftzug während der Fahrt fortfliegen. Wenn es jedoch Sturm gibt, so würde dadurch das Feuer so stark angefacht werden, daß der Kessel platzen müßte!«

– Der Abgeordnete Cullen: »Ich möchte auf die sehr wichtige Frage zurückkommen, ob Pferde beim Herannahen einer Lokomotive nicht durch Scheuen eine öffentliche Gefahr bilden werden.«

– Der Abgeordnete Parke: »Also gut, nehmen wir einmal an, daß die Lokomotive neun oder zehn Meilen pro Stunde fährt. Nun stellen Sie sich aber vor, eine Kuh käme der Maschine in den Weg. Glauben Sie nicht, das wäre höchst peinlich?«

– Erneut der Abgeordnete Harrison: »Aus all dem spricht nicht nur eine unglaubliche Unwissenheit – es ist einfach eine völlige Verrücktheit. Der ganze Plan zeigt, daß Stephenson überhaupt keine Ahnung hat. Was für eine Vorstellung: im Sechzehn-Meilen-Tempo dahinrasende Wagen, gezogen vom Teufel in Form einer Lokomotive – der Gottseibeiuns selbst auf dem Leitpferd sitzend, hinter ihm ein ehrenwerter Abgeordneter, das Kesselfeuer anfachend und die Maschine in voller Geschwindigkeit haltend! Was für ein Unsinn! Ich werde Ihnen beweisen, daß die Maschine nicht einmal neun Kilometer schafft, daß sie von jedem Wetter beeinflußt wird …«

– Ein Gutachten Professor Aragos, Mitglied der Pariser Académie des Sciences, wird zitiert: »Die schnelle Bewegung der Reisenden könnte eine Gehirnkrankheit, das ›Delirium furiosum‹, hervorrufen. Wollen sich aber dennoch Reisende dieser gräßlichen Gefahr aussetzen, so muß der Staat wenigstens die Zuschauer schützen, die sonst derselben Krankheit anheimfallen, indem er die Bahnstrecke beiderseits mit hohen Zäunen einfassen läßt.«

– Der Abgeordnete Alderson: »Stephensons Plan ist die absurdeste Idee, die jemals in einem Menschenhirn entstanden ist. Oder vielmehr – einen wirklichen Plan hat er nie gehabt, und er ist überhaupt nicht in der Lage, einen Gedanken zu fassen.«

Leere Worte entstehen in leeren Köpfen: Mit 37 zu 36 Stimmen bringen die Parlamentsabgeordneten Stephensons Eisenbahnprojekt zu Fall. Doch die abschlägige Entscheidung der empörten Sesselkleber kann den Fortschritt nicht mehr aufhalten: Am 27. September 1825 werden die Zweifler auf Einladung Stephensons Zeugen der ersten Eisenbahnfahrt von Darlington nach Stockton. Nicht weniger als 38 Wagen werden von der acht Tonnen schweren Dampflokomotive unter dem frenetischen Jubel unzähliger Schaulustiger in Bewegung gesetzt. Der »verrückte« Ingenieur hatte definitiv gesiegt.

Noch mehr Kritik

Der intellektuelle Kampf ist unterdessen auch in anderen Ländern entbrannt. In Frankreich ist es vor allem der Staatsmann Thiers, Minister für Handel und öffentliche Arbeiten, der sich gegen die Verwirklichung längerer Eisenbahnstrecken ausspricht. Er gesteht den dampfbetriebenen Zügen allenfalls eine »spielerische« Komponente zu. Keinesfalls würden sich derartige Maschinen als Transportmittel für Mensch oder Ware bewähren.

1823 doppelt Thiers nach und spricht dem Bau eiserner Geleise auch gleich noch jeglichen praktischen Hintergrund ab: Die auf den Schienen rollenden Räder müßten aufgrund der geringen Reibung zwangsläufig leer drehen, die Idee sei schon deswegen mehr als unsinnig. selbst den »starken Luftzug in den Tunnels« vergißt der Franzose in seiner Kritikliste nicht aufzuführen. Für ihn ein weiterer Punkt, warum Eisenbahnen nie die Rolle spielen könnten, die ihnen ihre Erfinder zugedacht hatten.

Die »New York Illustrated News« äußert sich am 16. April 1853 ebenfalls uneinsichtig: »Einige der Vorschläge zur Entlastung des Broadways müssen von einem Sonderkomitee von Verrückten in Blackwall Island (eine Irrenanstalt, d. A.) ausgegangen sein, so wild und überspannt sind sie. Einer schlägt ganz nüchtern vor, eine Untergrundbahn in einem Tunnel unter der Straße zu bauen mit spiralförmigen Zugangstunnels an den Straßenecken. Er rechnet nicht damit, daß Gas-, Wasser- und Kanalisationsröhren den Raum unter der Straße besetzen. Er bedenkt nicht, wie begrenzt und unangenehm der Luftvorrat in einem solchen Loch sein muß bei den von vorerwähnten Leitungen ausgehenden Gerüchen. Die Tatsache, daß die Feuchtigkeit der Luft unseren rheumatischen Bürgern für eine Stunde Fahrt nach Hause wenig zuträglich ist, kommt ihm nicht in den Sinn. Und wenn auch der einzelne sich dann außerhalb der Gefahren des Straßenverkehrs befindet, so denkt der Vorschlagende nicht daran, daß das tägliche Verweilen dort unten viele Menschen von zarter Gesundheit überhaupt aus der Bahn des Lebens hinausbefördern wird.«

In der Schweiz geht es derweil ähnlich zu. Hier sind es hauptsächlich wirtschaftliche Einwände, die gegen den Bau von Streckennetzen vorgebracht werden. So kommt es 1838 zu gezielten Sabotageakten der aufgebrachten Bevölkerung, die bereits vorhandene Signalstangen und Pfähle gleich reihenweise in ihre Bestandteile zerlegt.

Auch der Regierungsrat des Kantons Basel-Landschaft äußert sich am 4. Mai 1843 in einem Schreiben an den

Bürgermeister und Regierungsrat des Kantons Zürich abschlägig: »In Eurer Zuschrift (…) schlagt Ihr uns (…) Baden als den Ort zur Versammlung einer gemeinschaftlichen Konferenz der nächst beteiligten Kantone vor, zur Besprechung des Baues einer Basel-Zürcher Eisenbahn. Wir dürfen Euch, getreue, liebe Eidgenossen, in Erwiderung hierauf nicht verschweigen, daß wir überhaupt in der Gewißheit leben, es werde keine Eisenbahn unserem Kantone die Vorteile jemals ersetzen können, welche derselbe bei den gegenwärtigen Verkehrsmitteln und der jetzigen und in Zukunft zu verhoffenden Entwicklung des Handels und Wandels daraus zieht, und es würde die Ausführung einer Basel-Zürcher Eisenbahn, nach dem früher bekannt gewordenen Plane dem Rhein aufwärts nach der Mündung der Aare in denselben, den Bewohnern der Landschaft eine Hauptquelle ihres Wohlstandes, welche sie in dem äußerst lebhaften Durchgang von Reisenden und Handelsgegenständen durch denselben findet, mit einem Male abgegraben.« Die pessimistischen Befürchtungen bewahrheiten sich nicht: Die Eisenbahn tritt einige Jahre später auch auf schweizerischem Boden ihren Triumphzug an. Was würden unsere skeptischen Eidgenossen von damals wohl für Augen machen, wenn sie heute im Bahnhof von Basel stünden und neben ihnen gerade ein Hochgeschwindigkeitszug Richtung Zürich abrauschen würde!

Der Mann, der seinen Traum verwirklicht

Die Erfindung der Dampfkraft sollte auch Ferdinand de Lesseps (1805-1894), dem Erbauer des Suezkanals, entscheidende Vorteile gewähren. Davon ahnt der französische Ingenieur und Diplomat bei Baubeginn am 25. April 1859 freilich noch nichts.

Die Anlegung eines Kanals im Gebiet von Suez, der den afrikanischen Kontinent mit Asien verbinden sollte, war kein neuer Einfall. Schon vor dem Franzosen hatten andere Denker dieselbe Idee, aber ihre Projekte waren ob der technischen Schwierigkeiten eines solchen Unterfangens letztendlich alle zum Scheitern verurteilt. Kaum einer räumt Lesseps daher große Chancen ein, als er mit Billigung der ägyptischen Behörden am 15. Oktober 1858 die Gründung einer Suezkanal-Gesellschaft ankündigt. Viele Jahre der Planung waren diesem Ereignis vorangegangen. Jahre voll von Widerständen und Schwierigkeiten.

Bereits am 25. Oktober 1855 hatte die Londoner »Times« ihren Lesern einen kritischen Artikel über Lesseps' Suez-Projekt unterbreitet. Der Franzose reagierte am 30. Oktober desselben Jahres mit einem ausführlichen Schreiben, das sich auch in seinem Buch über die Entstehung und Geschichte des Kanals wiederfindet. Darin faßt er die gegen ihn erhobenen Vorwürfe folgendermaßen zusammen:

1. Im allgemeinen ist jedes Projekt einer Verbindung der beiden Meere unausführbar, besonders aber das projektierte der Ingenieure des Vizekönigs.
2. Wenn selbst das Projekt ausführbar wäre, so könnte es doch dem Handel und der Schiffahrt keinerlei Nutzen gewähren, da dieselben auch fernerhin den weiteren Weg um das Kap der Guten Hoffnung einschlagen würden.
3. Würde aber auch dem Wege durch den Suezkanal von den Seeleuten der Vorzug gegeben, so wäre das Unternehmen doch noch für die sich dabei beteiligenden Aktionäre und ihre Kapitalien von Nachteil, da die Einnahmen in keinem Verhältnis zu den Ausgaben stehen würden, und die von den Ingenieuren und mir veranschlagten Einnahmen gewaltig übertrieben seien.«

Auf vielen Seiten widerlegte Lesseps im Anschluß Punkt für Punkt mit einleuchtenden Argumenten. Seine Gegner zeigten sich davon wenig beeindruckt. »Es ist meiner Ansicht nach ein Unternehmen, welches vom kommerziellen Standpunkt aus in die Klasse jener zahlreichen Schwindelprojekte gehört, die von Zeit zu Zeit der Leichtgläubigkeit einfältiger Kapitalisten eine Schlinge legen«, polterte Lord Palmerston am 7. Juli 1857 stellvertretend für viele im britischen Unterhaus. »Ich glaube, daß es physisch unausführbar, in jedem Falle aber zu kostspielig ist, um auch nur die geringste Aussicht auf pekuniären Vorteil zu gewähren, und daß sich diejenigen, welche ihr Geld in ein derartiges Unternehmen stecken (...), bitter durch das Resultat getäuscht fühlen werden.

Und am 8. Dezember 1861 – bereits während des Baus – doppelte derselbe Palmerston gegenüber seinem Außenminister Lord John Russell nach: »Ein Einwand bleibt (...) bestehen, nämlich der von einem holländischen Ingenieur geführte Beweis, daß – von schnellen Dampfern abgesehen – die schwierige Navigation zwischen den Korallenbänken des Roten Meeres, die vorherrschenden Winde und die gewaltige Hitze die Kaproute schneller and billiger erscheinen lassen als die Kanalroute. (...) Soweit mir bekannt ist, befindet sich kaum ein französischer Ingenieur an Ort und Stelle, der nicht – sagte er die Wahrheit – zugeben würde, daß der schiffbare Kanal nur mit Geldmitteln und in einem Zeitraum gebaut werden kann, der weit über alle bisherigen Berechnungen hinausgeht. Infolgedessen wird das investierte Kapital niemals angemessen verzinst werden, und man darf daher ruhig sagen, daß das Projekt vom kommerziellen Gesichtspunkt aus ein Schwindelunternehmen darstellt.«

Wer sich mit der Geschichte des Kanalbaues beschäftigt, kann nur bewundern, mit wieviel Geschick der nie aufgebende Lesseps im Laufe der folgenden Jahre bautechnische, politische und ideologische Schwierigkeiten zu meistern weiß. Das Glück steht dabei auf seiner Seite: Hätte er im letzten Augenblick nicht erstmals Lokomotiven und Dampfbagger einsetzen können, wäre sein Zeitplan wohl arg ins Wanken geraten. So aber steht der Einweihung des Suezkanals am 17. November 1869 schlußendlich nichts mehr im Weg, sieht man einmal von einem gestrandeten Schiff ab, das noch in der Nacht vor der offiziellen Eröffnung mit vereinten Kräften beiseite geschafft werden mußte.

Die Einweihung gerät zum großen Triumphzug für den Franzosen. Aus aller Herren Länder reisen Schaulustige und Regierungsangehörige an, um zu den ersten zu gehören, die den Kanal passieren dürfen. Ein buntes Gewimmel von Menschen unterschiedlichster Nationalitäten und Sprachen bevölkert die Straßen von Kairo und dessen Nachbarstädten.

Der Schweizer Heinrich Sulzer, selbst einer der Zuschauer, berichtet in seinem Reisetagebuch »Winterthur-Assuan retour« in eindrücklichen Tönen über die damaligen Festivitäten: »Das Schönste fürs Auge war der Hafen selbst mit einer beträchtlichen Anzahl großer und kleiner Fahrzeuge im schönsten Schmucke der Fahnen und von der afrikanischen Novembersonne beleuchtet. Beim Schluß der betreffenden priesterlichen Reden jedesmal Salven. Abends Beleuchtung der Schiffe, Straßen und Häuser nebst massenhaftem Platzen von Sternenraketen und Bomben in der Luft.«

3

Wenn Träume wahr werden

Der Mensch erobert den Himmel

>»Bekannt ist die Tatsache, daß, als zum ersten
>Male bei einem Patentamt eine Patentschrift für
>ein Flugzeug eingereicht wurde, diese Patentschrift
>ungeprüft zurückgeschickt wurde mit der
>Begründung, ein Flugzeug schwerer als die Luft
>sei eine Unmöglichkeit, die Patentschrift brauche
>daher gar nicht erst geprüft zu werden.«

ARNOLD HILDESHEIMER, Wissenschaftspublizist

Anfängerschwierigkeiten

Der Wunsch, sich den Vögeln gleich in den Himmel zu schrauben, hat die Menschheit seit jeher beherrscht. Zahlreiche erfolglose historische Flugversuche sind uns überliefert. Selbst Leonardo da Vinci (1452-1519), dem technischen Universalgenie, gelingt es nicht, seine detailliert vorskizzierten Gleitflieger in die Lüfte zu bringen, wenngleich sich die Historiker bis heute darüber zanken, wo der Italiener nun tatsächlich praktische Versuche damit angestellt hat oder nicht.

Doch der Gedanke, den Luftraum zu beherrschen, läßt den Menschen nicht los. Obwohl auch in den folgenden Jahrhunderten vorerst jeder Versuch, höhere Sphären zu erklimmen, kläglich scheitert, geben sich die Phantasten nicht geschlagen. Frei nach dem Motto »Nur wer aus dem Rahmen fällt, kann sich frei in seiner Umwelt bewegen«, träumen sie von der Zukunft.

»Ich zweifle nicht, daß die Nachwelt viele Dinge, welche jetzt nur leere Gerüchte sind, verwirklicht finden wird«, schreibt der Philosoph Joseph Glanvill 1665 in seiner »Scepsis Scientifica«. »Nach einigen Menschenaltern vielleicht wird eine Reise nach den unbekannten südlichen Ländern, ja möglicherweise zum Mond nicht seltsamer sein als eine nach Amerika.«

Je lauter aber die Phantasten über die Verwirklichung ihrer Pläne nachsinnen, desto harscher fallen die Kommentare ihrer Kritiker aus. Erwähnenswert sind in diesem Zusammenhang vor allem die 1782 formulierten verbalen Attacken des französischen Astronomen Joseph-Jérome de Lalande gegen die Redakteure des »Journal de Paris«, das mit den Luftfahrtpionieren sympathisierte. Originalton Lalande: »Sie sprechen seit langem so viel von Flugmaschinen und Wünschelruten, daß man am Ende auf den Gedanken kommen könnte, sie glaubten an alle diese Torheiten, oder die Gelehrten, die an ihrem Blatt mitarbeiten, hätten nichts gegen solche lächerlichen Behauptungen einzuwenden. (...) Es ist in jeder Hinsicht als unmöglich erwiesen, daß der Mensch sich in die Luft zu erheben oder sich darin zu erhalten vermag. (...) Nur ein unwissender Narr kann auf die Verwirklichung so phantastischer Ideen hoffen!«

Es ist wohl als Ironie des Schicksals zu bezeichnen, daß es Lalandes Landsleuten Joseph und Etienne Montgolfier am 4. Juni 1783 – nur gerade ein Jahr später also – gelingt, in Annonay ihren ersten Heißluftballon zu starten. Einige Monate darauf steigt in Paris unter der Leitung des Physikers Jacques Alexandre César Charles mit der sogenannten »Charlière« der erste Wasserstoffgas-Ballon in die Lüfte. Nun liegt der Ball wieder bei den Montgolfiers: Ihr am 19. September 1783 in Versailles gestarteter, bereits 21 Meter hoher Ballon trägt in Form dreier Tiere erstmals Lebewesen gen Himmel. Ob des Erfolges des Unternehmens wird der Entschluß gefaßt, auch menschliche Passagiere in die Luft zu befördern. Ein Unterfangen, das noch am 21. November desselben Jahres glückt.

Der Fallschirm sorgt für Schlagzeilen

Einer der bekanntesten Fallschirmpioniere dieser Zeit ist ebenfalls Franzose: André-Jacques Garnerin (1769) bis 1823). Am 22. Oktober 1797 schwebt er wild schaukelnd mit einem selbstgebastelten regenschirmartigen Gebilde vom Himmel.

Das »Journal de Paris« berichtet seinen Lesern folgendermaßen darüber: »Um 17.28 Uhr (...) erhob sich der Bürger Garnerin im Freiballon im Park von Monceau. Ein ernstes Schweigen herrschte bei den Versammelten. Interesse und Unruhe malten sich auf allen Gesichtern. Als er die Höhe von 700 Meter überstiegen hatte, schnitt er die Kordel ab, die seinen Fallschirm mit dem Wagen des Aerostaten verband. Der Ballon explodierte, und der Fallschirm, unter dem der Bürger Garnerin sich befand, ging sehr schnell nieder und nahm eine schwingende Bewegung an, die so erschreckend war, daß sich ein Schrei des Entsetzens den Zuschauern entrang und die sensiblen Frauen der Ohnmacht nahe waren. Indessen landete der Bürger Garnerin auf der Ebene von Monceau, stieg sofort zu Pferde und ritt zum Park zurück, inmitten einer unerhört großen Menge, die ihre Bewunderung für das Talent und den Mut des jungen Aerostaten ausrückte.«

Garnerin läßt es nicht bei diesem einen Versuch bewenden. Die »Vossische Zeitung« informiert ihre Leser am 4. Mai 1798 entsetzt über den Plan des Franzosen, mit »einem Frauenzimmer« an seiner Seite zur Erde zu segeln.

Schließlich sei die Luftfahrt von zwei Personen verschiedenen Geschlechts »unanständig und unmoralisch«, und im weiteren wisse man ja gar nicht, ob der Druck der Luft den zarten Organen eines jungen Mädchens nicht gefährlich werden könne! Die kritischen Stimmen verstummen erst, als Garnerin den Absprung dennoch wagt und mitsamt seiner Begleiterin sicher auf der Erde ankommt.

Weniger glücklich gestaltet sich der Sprung des Engländers Robert Cocking. Als eifriger Bewunderer Garnerins hatte er dessen Konstruktion – wie er meinte – verbessert und wollte das schwebende Wagnis ebenfalls auf sich nehmen. Am 23. Juli 1837 ist es schließlich soweit, und wie bei Garnerins spektakulären Aktionen findet sich auch bei ihm eine beachtliche Menschenmenge ein, die sein Treiben gespannt verfolgt.

In einer Höhe von gut 2 000 Metern bereitet sich der Engländer über Greenwich auf den Absprung aus seinem Ballon vor. Beklommen erkundigt sich sein Begleiter noch einmal, ob er denn auch wirklich sicher sei, daß sich sein Fallschirm in der Praxis tatsächlich bewähren werde. Cocking lächelt ihn vielsagend an: »Ich bin dessen sicher. Nie in meinem Leben habe ich mich so gefaßt und wohl befunden. Jetzt aber werde ich Sie verlassen …« Der Engländer springt in die Tiefe. Kurze Zeit später wird sein Leichnam geborgen.

Die Öffentlichkeit reagiert mit Bestürzung und Unverständnis auf derartige Meldungen. So lesen wir in Louis Figuiers 1851 erschienenen »Geschichte der wichtigsten modernen Entdeckungen auf wissenschaftlichem Gebiet«: »Der Fallschirm, der von Garnerin erfunden worden ist, um dem Luftschiffer ein Rettungsmittel zu sein, hat niemals dieser Bestimmung entsprochen. Es existiert kein einziger Fall, in dem der Fallschirm dazu verwendet worden ist, einen gefährlichen Ballonaufstieg glücklich zu beenden.«

Fortschritte

Die Einführung der Dampfmaschine als Antriebsquelle schenkt den Luftfahrtbegeisterten im 19. Jahrhundert neue Hoffnung. Bereits 1843 entwickelt der Nürnberger Mechaniker L. A. Leineberger einen Messingkörper, der mit einem monströsen »Schaufelradpropeller« durch die Lüfte getrieben werden sollte. Abgehoben hat seine Maschine freilich nie.

Erfolgreicher ist der französische Eisenbahningenieur Henri Giffard (1825-1882), der mit seinem 44 Meter langen, lenkbaren Luftschiff am 24. September 1852 über Paris immerhin eine Höhe von 1 800 Metern erreicht und gleichzeitig eine Strecke von 27 Kilometern zurücklegt. (Für den notwendigen Schub sorgte eine an der Gondel montierte Dampfmaschine, die einen Propeller in Gang hielt.)

Am 5. Juni 1866 glückt auch dem amerikanischen Arzt Solomon Andrews (1806-1872) über New York der Aufstieg mit einem zeppelinartigen Luftschiff. Gelenkt wird Andrews' Aerostat von der Gondel aus mit Hilfe spezieller Windruder. Die »New York Times« berichtet ihren Lesern am nächsten Tag über das Spektakel: »Gestern wurden gegen 17.00 Uhr viele Fußgänger am Broadway durch die Erscheinung eines riesigen ›Fisches‹ verblüfft, der in einer Höhe von rund 1 500 Fuß über ihre Köpfe hinwegzog. (...) Während das Luftschiff über der Stadt schwebte, gab es wohl niemanden, der dessen Manöver nicht erstaunt verfolgt hätte.«

Seltsamerweise wird dieses Ereignis sowie die zahlreichen Testflüge, die Andrews bereits zuvor mit seinen Luftschiffen absolviert hatte, in den meisten Fachbüchern der Gegenwart mit keiner Zelle gewürdigt. Das ist um so unverständlicher, als Solomon Andrews' Gefährt das erste lenkbare Luftschiff ohne Motor war und er dessen Werdegang 1865 in einem Buch (»The Art of Flying«) mit ausführlichen Worten dargelegt hat, ebenso wie die verschlungenen Wege, die er gehen mußte, um seine Idee in die Tat umzusetzen.

Detailliert schildert er, wie er – nach Absolvierung der ersten Testflüge – bei den Behörden 1863 derart hartnäckig für seine Erfindung wirbt, daß sich selbst Präsident Abraham Lincoln von seinem Enthusiasmus anstecken läßt und ihn im Rahmen eines persönlichen Gespräches um beglaubigte Augenzeugenberichte bittet. Die betreffenden Papiere stapeln sich schon kurz darauf in Lincolns Vorzimmer.

»Ich habe drei Testflüge von Dr. Andrews mit eigenen Augen miterlebt. (...) Andrews flog in alle möglichen Richtungen. Manchmal mit, manchmal gegen den Wind«, berichtete etwa ein gewisser Ellis C. Waite. »Der Wind wehte mit einer Geschwindigkeit von 10 bis 15 Meilen pro Stunde, und doch steuerte er sein Fluggerät mit der Leichtigkeit, mit der man ein Segelboot steuert.« Und N. H. Tyrrell versicherte: »Ich war Zeuge des letzten Flugversuches, den Dr. Andrews mit seinem Luftschiff unternahm. (...) Ich sah, wie es gegen den Wind flog und wie es der Doktor, von der Gondel aus, mit Hilfe seines Windruders schließlich wendete.«

Dennoch bleibt Andrews' Entwicklung trotz prinzipiellem Interesse von Regierung und Militärs die finanzielle Unterstützung verwehrt. Eine wissenschaftliche Kommission, welche im Auftrag des Kriegsministeriums die militärische Tauglichkeit seines Luftschiffes unter die Lupe nehmen soll, erteilt am 22. Juli 1864 zwar ein äußerst positives Urteil und bezeichnet Andrews wörtlich als »einen der innovativsten und erfolgreichsten Erfinder Amerikas«, doch aus undurchsichtigen Gründen wird der Kommissionsbericht nicht an die zuständigen Stellen weitergeleitet.

Solomon Andrews platzt der Kragen, und er entschließt sich, eine private Gesellschaft ins Leben zu rufen, um die Finanzierung seiner Versuche selbst in die Hand zu nehmen. Die von ihm begründete »Aerial Navigation Company« ist es denn auch, die den bereits erwähnten Demonstrationsflug vom 5. Juni 1866 ermöglicht. Schon kurz darauf muß die Gesellschaft ihre Aktivitäten aber aus finanziellen Gründen einstellen. Enttäuscht verstirbt Solomon Andrews wenige Jahre später.

Andere Luftfahrtpioniere verzeichnen derweil ebenfalls Achtungserfolge. Vornehmlich die rasante Entwicklung der Technik eröffnet ihren Flugvehikeln neue Perspektiven. Einer, der davon Gebrauch macht, ist der Mainzer Paul Haenlein, dessen Luftschiffe zwischen 1867 und 1872 mit Hilfe eines Gasmotors bereits eine Eigendynamik von bis zu 20 Kilometer pro Stunde entwickeln. Akuter Geldmangel zwingt Haenlein schließlich zur Aufgabe weiterer Projekte. Die Brüder Albert und Gaston Tissandier wiederum erheben sich am 8. Oktober 1883 in der Nähe von Paris mit einem rund 30 Meter langen Gefährt vom Erdboden, das von einem Siemens-Elektromotor angetrieben wird, und 1884/1885 demonstrieren Charles Renard und Arthur Krebs mit ihrer »La France« im Auftrag der Militärs ebenfalls Flugtauglichkeit: Bei fünf ihrer insgesamt sieben Testflüge gelingt es den beiden Franzosen, nach Absolvierung der projektierten Route wieder an den Startplatz zurückzukehren.

Geheimnisvolle Aktivitäten

Etwas undurchsichtiger wird die Situation um die Jahrhundertwende. Ein nebulöser Schleier umhüllt hier unzählige Augenzeugenberichte über gigantische Luftschiffe, die – in Aussehen und Form ihren Vorläufern zwar

149

ähnlich, technisch gesehen aber offensichtlich bereits ausgereift – ihre Runden am nordamerikanischen Firmament gedreht haben sollen. Die Mehrzahl der Luftfahrtspezialisten schreibt diese Schilderungen heute der Phantasie der Berichterstatter zu oder schwadroniert über psychische Projektionen luftfahrtverrückter Bürger. Anderen Forschern genügen diese Erklärungen nur bedingt.

Der amerikanische Publizist Jerome Clark durchstöberte in den vergangenen Jahrzehnten ganze Stöße von Zeitungen aus der besagten Zeitspanne und stieß insbesondere in den Jahrgängen von 1896 und 1897 auf eine Reihe von Aussagen, die durchaus ernstgenommen werden sollten. Die jeweiligen Augenzeugen schilderten oft kurzfristige Landungen sowie Gespräche mit den Insassen, die gelegentlich um Wasser baten oder irgendwelche Reparaturen an ihren Schiffen ausführten. Vielfach stellten sich die Lenker auch gleich selbst als Erfinder und Entwickler ihrer Gefährte vor. Manche behaupteten gar, in militärischem Auftrag unterwegs zu sein, während andere in flüsterndem Ton von (noch) geheimgehaltenen, privaten Testflügen erzählten.

Merkwürdigerweise hörte man in der Folge nichts mehr von den geheimnisvollen Luftschiffern, weshalb sowohl ihre Herkunft als auch ihre Motive bis heute unklar geblieben sind. Mit herkömmlichen Erklärungsansätzen hat Clark darum etwas Mühe: »Am 11. August 1896 erteilte das US-Patentamt C. A. Smith aus San Francisco ein Patent auf sein Luftschiff. Ebenfalls ein Patent erteilt wurde am 20. April 1897 an Henry Heintz aus Elkton, South Dakota, aber keine der beiden Konstruktionen erhob sich je in die Lüfte.« Und an anderer Stelle schreibt er: »Es kann ausgeschlossen werden, daß sich erfolgreiche Luftschiffkonstrukteure 1896 und 1897 mit ihren Gefährten über Amerika befunden haben.«

Clark stützt sich bei seinen Aussagen insbesondere auf Charles H. Gibbs-Smith, einen 1981 verstorbenen, weltberühmten britischen Luftfahrtspezialisten. Angesprochen auf die Luftschiff-Sichtungen von 1896/1897 äußerte sich dieser einmal folgendermaßen: »Als ein aeronautischer Historiker, der sich auf die Zeit vor 1910 spezialisiert hat, kann ich mit absoluter Sicherheit festhalten, daß die einzigen Luftfahrzeuge über Nordamerika (...), die auch Passagiere beförderten, damals kugelförmige Ballone waren.«

Daß sich der Experte Gibbs-Smith hier geirrt hat, wird nicht zuletzt aufgrund der bereits erwähnten Aktivitäten von Solomon Andrews deutlich, die dem Briten trotz seiner jahrzehntelangen Recherchen peinlicherweise entgangen zu sein scheinen. Dennoch bleibt natürlich eine ganze Reihe von Fragen offen: Wo und von wem waren die beobachteten Luftschiffe konstruiert worden? Warum ließen sich die Entwickler keine Patente auf ihre Erfindungen ausstellen? Weshalb meldete sich nachträglich keiner der beim Bau involvierten Arbeiter und Mechaniker?

Und falls es sich bei den Lenkern der Schiffe nicht um verkannte oder totgeschwiegene technische Genies handelte: Mit wem hatten es die damaligen Augenzeugen dann zu tun?

Der verrückte Graf

Begeben wir uns wieder auf sicheren Boden und wenden wir uns Ferdinand von Zeppelin (1838-1917) zu, der sich um die Jahrhundertwende ebenfalls mit der Entwicklung eines Luftschiffes beschäftigt.

Schlüsselerlebnis für den in Konstanz geborenen Grafen ist ein Ballonflug, den er 1863 als Passagier unternimmt. Begeistert von seinem Erlebnis beginnt er sich über die Zukunft der Luftfahrt Gedanken zu machen, und aus all den Zeichnungen, die er im Laufe der Zeit skizziert, kristallisiert sich gegen Anfang der neunziger Jahre ein konkretes Luftfahrzeug heraus.

Nachdem Zeppelin sein Unterfangen mit dem Ingenieur Theodor Kober in technischer Hinsicht besprochen und ausgearbeitet hat, bereitet ihm einzig die Finanzierung seiner Pläne noch Sorgen. Nach einigem Zögern faßt er den Entschluß, die Militärs für sein Projekt zu interessieren. Doch die zuständigen Herren finden wenig Gefallen an den Ideen und Plänen des »verrückten« Grafen.

Immerhin wird am 10. Juli 1894 durch den Kaiser eine Prüfungskommission namhafter Kapazitäten ins Leben gerufen, mit dem Auftrag, die Sache offiziell zu begutachten. Geleitet wird die Kommission vom Physiker Professor Hermann von Helmholtz, seines Zeichens Präsident der Physikalisch-Technischen Reichsanstalt und vehementer Kritiker Zeppelins.

Das definitive Urteil der Kommission über die technischen Entwürfe des Grafen fällt vernichtend aus: »(...) hat die Kommission einstimmig ihr Urteil dahin abgegeben, daß mit Rücksicht auf die von fachmännischer Seite erhobenen ernsten Bedenken gegen die Konstruktion des fraglichen Luftfahrzeuges dem Kriegsministerium abgeraten werden müsse, der Ausführung desselben näherzutreten.«

Zeppelin gibt sich nicht geschlagen. Wieder und wieder bombardiert er die Behörden mit fachkundigen Entgegnungen, widerlegt ihre Argumente und kämpft vehement für finanzielle Unterstützung seines Projekts. Viel erreicht er damit nicht. Die zuständigen Herren geben ihm lediglich noch einmal zu verstehen, daß sein Vorhaben, ein flugtaugliches Gefährt zu entwickeln, »auf dem eingeschlagenen Wege überhaupt nicht zu erreichen« sei, und auch eine neuerlich einberufene Expertenkommission kommt 1895 zu einem negativen Urteil: »Die hervorgehobenen Mängel des vorliegenden verbesserten Projekts sind als so wesentliche zu bezeichnen, daß wir dem Königlichen Kriegsministerium eine Ausführung desselben nicht empfehlen können.«

Noch im selben Jahr läßt der vom Starrsinn der Behörden maßlos enttäuschte Graf eine Schrift verbreiten, in der er viele der gegen sein Projekt angeführten Vorwürfe auflistet, um sie gleichzeitig zu entkräften. Optimistisch philosophiert er über die zukünftigen Verwendungsmöglichkeiten seines Luftschiffs und läßt zahlreiche wegweisende Gedanken und Erkenntnisse in seinen Text einfließen.

Der Zeppelin-Biograph Hans Rosenkranz: »Man war damals noch der Meinung Newtons, daß der Luftwiderstand wachse, je größer die Fläche sei, die gegen die Luft bewegt wird. (...) Zeppelin aber hatte beobachtet (...), daß der Luftwiderstand im selben Verhältnis langsamer wächst, als die Größe der Fläche zunimmt. Diese Vorstellung widersprach allem, was man damals von der Physik der Atmosphäre zu wissen glaubte. Dennoch hat er gegen die ganze gelehrte Welt seiner Zeit recht behalten.«

Es ist der Verein Deutscher Ingenieure, der sich kurz darauf auf Zeppelins Seite schlägt und öffentlich zur Unterstützung seines Luftschiffprojekts aufruft. Durch diese unerwartete Hilfe ermutigt, begründet der Graf 1897 seine »Gesellschaft zur Förderung der Luftschiffahrt«. Schon drei Jahre später steigt Zeppelins erstes Luftschiff auf.

Zwei Brüder gehen in die Geschichte ein

Man schreibt das Jahr 1903, als auch die Brüder Wilbur Wright (1867-1912) und Orville Wright (1871-1948) im amerikanischen Kitty Hawk an einem kalten Dezembertag eindrucksvoll demonstrieren, welche Wunder der menschliche Geist zu vollbringen in der Lage ist, wenn er sich nicht durch skeptische Stimmen von seinem Vorhaben abbringen läßt: Nach einigen fehlgeschlagenen Flugversuchen hält sich ihr Motorflugzeug als erste bemannte Maschine dieser Art aus eigener Kraft knapp eine Minute lang in der Luft.

Das Presseecho fällt bescheiden aus. Zwar kabeln Journalisten den Aufstieg der beiden Brüder artig in die weite Welt, mehr als ein paar kleinere Artikel, oft noch mit Fehlinformationen gespickt, ist ihnen die Sache aber offensichtlich nicht wert.

Die Wrights entschließen sich, selbst zu handeln. Kurzerhand werden verschiedene Presseorgane mit ausführlichem Informationsmaterial versorgt. Es ist dies der Beginn einer regelrechten Haßliebe: Entweder werden die Artikel gekürzt und zusammengestrichen oder dann mit Informationen aus zweiter Hand angereichert. Noch und noch sehen sich die zwei Flugpioniere genötigt, richtigstellende Verlautbarungen nachzuschieben.

Gleichzeitig arbeiten die Brüder unermüdlich an der Verbesserung ihres Flugapparates. Immer größer werden die zurückgelegten Distanzen, und immer mehr Schaulustige wohnen ihren Testflügen bei. Doch die Versuche der Wrights, die Militärs für ihr Flugzeug zu interessieren, um dessen Finanzierung sicherzustellen, scheitern an der Ignoranz der zuständigen Stellen.

1905 hält sich der Wrightsche Apparat bereits bis zu vierzig Minuten in der Luft. Für Wilbur und Orville Auslöser, sich für einige Zeit aus der Öffentlichkeit zurückzuziehen, ehe sie 1908 mit einer noch erfolgreicheren Maschine wieder für Furore sorgen sollten. Der Wright-Kenner Harry Combs ortet die Gründe für diese Entscheidung hauptsächlich in der Überzeugung der Wrights, daß fast jeder, den sie kennenlernten, offen-

sichtlich nichts anderes im Sinn hatte, als ihre Arbeit aus-
zubeuten und sie zu betrügen. Combs wörtlich: »Fliegen
war ihr Geheimnis, und das wollten sie mit keinem mehr
teilen.«

Die Enttäuschung der fliegenden Brüder ist auch aus
anderer Sicht verständlich: Obwohl die Demonstrationsflüge die Perspektiven ihrer Erfindung eindrücklich auf-
zeigten, wurden sie von den meisten Zeitungen boykottiert. Als Dan Kumler, ein ehemaliger Mitarbeiter der
Daytoner »Daily News«, 1940 über die Gründe für die
damalige Skepsis befragt wurde, antwortete er lapidar
mit fünf Worten: »Wir glaubten es einfach nicht!«

Da paßt es auch ins Bild, daß selbst das renommierte
Wissenschaftsmagazin »Scientific American« in seiner
Ausgabe vom 13. Januar 1906 die Authentizität der
Wrightschen Flugversuche in Zweifel zog: »Angeblich
sollen die Testflüge bei Dayton (Ohio) stattgefunden haben (...). Und ganz offensichtlich ließen die amerikanischen Zeitungen diese Vorführungen mit gutem Grund –
ihrer Achtsamkeit entgehen (...). (Wir haben also das
gute Recht, weitere Informationen abzuwarten, ehe wir
den Meldungen (...) Glauben schenken können. Seltsamerweise scheinen die Wrights nämlich gar nicht geneigt
zu sein, genauere Angaben zu veröffentlichen oder öffentliche Demonstrationsflüge abzuhalten. Die Gründe
dafür dürften sie wohl selbst am besten kennen. Überhaupt: Wenn tatsächlich derart sensationelle und extrem
wichtige Experimente in einem nicht allzu fernen Teil unseres Landes stattfinden (...), hätten dann nicht amerikanische Journalisten (...) längst versucht, alles darüber herauszufinden, um ihre Ergebnisse anschließend öffentlich
bekanntzumachen?«

Heute stellen Flugexperten längst technische Berechnungen über Maschinen an, die sich dereinst mit Geschwindigkeiten von bis zu 25facher Schallgeschwindig-

keit (!) fortbewegen sollen. Bereits in einigen Jahrzehnten könnten derartige Prototypen nach Meinung der Fachleute durch die Lüfte flitzen und ihre Passagiere innerhalb einer einzigen Stunde an jedem beliebigen Flugplatz dieser Welt absetzen.

Fürwahr verrückte Aussichten, wenn wir bedenken, daß der amerikanische Professor Simon Newcomb, Astronom und Mathematiker an der Johns Hopkins University, in der Zeitung »The Independent« noch am 22. Oktober 1903 lauthals verkündet hatte, daß sich keine von Menschenhand gefertigte Flugmaschine jemals in die Lüfte erheben werde!

Die Weißkopf-Kontroverse

Es ist kein Geheimnis, daß Erfinder, die mit ihrer Entwicklung an die Öffentlichkeit treten und damit Erfolg ernten, über kurz oder lang mit Trittbrettfahrern zu kämpfen haben. Mit allen möglichen Argumenten, dafür oft ohne stichhaltige Beweise, versuchen diese Mitläufer den eigentlichen Pionieren ihren Ruhm streitig zu machen. Zahlreiche Beispiele dieser Art sind uns überliefert, und nur in einem Bruchteil aller Fälle entpuppten sich die Klagen der »Nachzügler« auch tatsächlich als berechtigt.

Im Falle des 1895 von Leutershausen (Franken) nach Amerika ausgewanderten deutschen Flugpioniers Gustav Weißkopf (1874-1927) präsentiert sich die Sachlage etwas verzwickter. Whitehead, wie er sich in den Staaten nannte, behauptete seinerzeit, noch vor den Wrights mit seiner Propellermaschine in den Himmel aufgestiegen zu sein.

Besonders eingesetzt für Gustav Weißkopf hat sich die Autorin Stella Randolph. Bereits 1937 wies sie im Rahmen einer Publikation darauf hin, daß der Leutershausener 1901, also zwei Jahre vor den Wrights, in den »Illustrierten Aeronautischen Mitteilungen« einen Artikel veröffentlicht hatte, in dem er einen von ihm entwickelten Gleiter vorstellte, der offensichtlich mit Hilfe eines 20 PS starken Acetylenmotors angetrieben wurde. Weißkopf gab damals an, in Connecticut bereits verschiedene Kurzflüge zurückgelegt zu haben. Im »American Inventor« doppelte er am 1. April 1902 nach: Hier beschrieb er sogar einen Rundflug über die Distanz von rund elf (!) Kilometern.

»Weißkopf war ein enthusiastischer Erfinder, visionär und exzentrisch, aber unfähig, die komplexen Probleme zur Entwicklung eines geeigneten Motors zu lösen«, hielt der Luftfahrtkenner Charles H. Gibbs-Smith 1960 kopfschüttelnd dagegen und berief sich seinerseits auf eine Stellungnahme von Orville Wright, welche dieser 1945 in der Zeitschrift »U.S. Air Services« publiziert hatte. Orville wies dort auf Unstimmigkeiten eines im »Bridgeport Sunday Herald« vom 18. August 1901 erschienenen Berichtes hin, in dem Weißkopfs Aktivitäten Erwähnung gefunden hatten.

Nachträgliche Recherchen, so Wright, hätten ergeben, daß sich einige der dort zitierten Augenzeugen ausdrücklich von den ihnen in den Mund gelegten Äußerungen distanziert hatten, andere Gewährsleute wiederum offensichtlich gar nicht existierten. Auch Stanley Y. Beach, Journalist des »Scientific American« und jahrelanger Vertrauter Weißkopfs, habe auf Anfrage zu verstehen gegeben, daß der Deutsch-Amerikaner seiner Meinung nach nie erfolgreich geflogen sein könne.

Diese Feststellungen mögen zwar durchaus ihre Berechtigung haben, doch unterließ es Wright (absichtlich?), die Fakten zu erwähnen, die tatsächlich für Weißkopf sprechen. Junius Harworth etwa versicherte am 21. August 1934 eidesstattlich, daß er »am 14. August 1901 zugegen war, als Mr. Weißkopf seine durch Motor und

Propeller angetriebene Maschine flog und bis zu einer Höhe von 61 Meter vom Boden bzw. vom Seestrand bei Lordship Manor im Bundesstaat Connecticut abhob«. Nach Harworth hat Weißkopf mit seiner Maschine damals eine Strecke von über zwei Kilometer zurückgelegt. Anton Pruckner wiederum war bei einem anderen Testflug am selben Tag anwesend. Auch er hielt am 30. Oktober 1964 in einer schriftlichen Erklärung fest, daß sich Weißkopfs Maschine tatsächlich in die Lüfte schwang. »Dieser Flug erstreckte sich über etwa 800 Meter und hob die Maschine ungefähr 15 Meter in die Höhe. Das Flugzeug zog eine kleine Schleife und landete ruhig und ohne Schaden für den Flugkörper oder den Piloten, Mr. Weißkopf.«

Wer sich eingehender mit dem vorhandenen Datenmaterial über Weißkopf beschäftigt, wird denn auch den Eindruck nicht los, daß tatsächlich mehr hinter der Geschichte stecken könnte, als gemeinhin angenommen wird. Dieser Meinung ist auch Hermann Betscher, 1. Vorsitzender der »Flughistorischen Forschungsgemeinschaft Gustav Weißkopf« in Leutershausen, die sich seit vielen Jahrzehnten darum bemüht, Weißkopf zu rehabilitieren. »Wir wollen mit unseren Aktivitäten nicht die Wright-Brüder diskreditieren, die das Flugzeug zweifellos zum Gebrauchsgegenstand erhoben haben«, erklärte mir Betscher im November 1995 am Telephon. »Uns geht es vielmehr darum, Weißkopf, dem der erste motorisierte Flug der Welt gelang, die ihm angemessene Anerkennung zu verschaffen.«

Die Frage, in wieweit die Wright-Brüder durch Weißkopf beeinflußt worden sind, ist nur schwer zu beantworten. Orville jedenfalls stritt zeitlebens ab, den Leutershausener persönlich gekannt zu haben. Dem widerspricht allerdings die bereits erwähnte eidesstattliche Aussage von Anton Pruckner. »Ich weiß noch genau, daß die Wrights Weißkopfs Werkstatt hier in Bridgeport irgendwann vor 1903 besuchten«, erinnert er sich. »Ich war dabei und habe sie selbst gesehen. Ich weiß, daß dies der Wahrheit entspricht, denn sie stellten sich mir bei dieser Gelegenheit vor.«

Besonders Amerika tut sich schwer damit, Weißkopf offiziell als eigentlichen Vorläufer der Wrights anzuerkennen, was angesichts dessen deutscher Herkunft ansatzweise nachvollziehbar erscheinen mag. Die tieferen Gründe für die Zurückhaltung der USA in der Weißkopf-Sache liegen allerdings im Wortlaut einer Passage aus der vertraglichen Übereinkunft verborgen, welche die Nachlaßverwalter Orville Wrights am 23. November 1948 mit der Smithsonian eingingen, einer renommierten amerikanischen Institution, der unzählige Museen und Forschungszentren unterstehen.

Der Vertrag regelte die Übergabemodalitäten des Wright-Flyers von 1903 für Ausstellungszwecke und beinhaltet unter anderem folgende bis heute gültige Klausel: »Weder die Smithsonian Institution, noch deren rechtliche Nachfolger, noch irgendein anderes Museum oder eine Agentur, ein Amt oder eine sonstige im Auftrag der amerikanischen Regierung von Smithsonian geleitete Behörde soll jemals eine Erklärung abgeben oder deren Veröffentlichung gestatten bzw. das Aufstellen eines Beschreibungsschildes erlauben mit Bezug auf oder im Zusammenhang mit irgendeinem Flugzeugmodell aus der Zeit vor dem Wright-Flugapparat von 1903, in der oder auf dem behauptet wird, daß es bei eigenem Antrieb von einem Piloten geflogen und gelenkt worden ist.«

Kein Wunder, daß die »Flughistorische Forschungsgemeinschaft Gustav Weißkopf« um Hermann Betscher derzeit alles daransetzt, dem Leutershausener gut siebzig Jahre nach seinem Tod doch noch zu der ihm gebührenden Anerkennung zu verhelfen. So haben die Weißkopf-

Freunde auf einem nördlich von München gelegenen Militärflugplatz mittlerweile eine etwa originalgetreue Rekonstruktion seiner Flugmaschine getestet.

»Unsere Testreihen haben die Flugfähigkeit von Weißkopfs Maschine eindrucksvoll unter Beweis gestellt«, konnte mir Hermann Betscher im Januar 1997 stolz melden. »Wir wollen das Replikat nun dieses Jahr mit Leichtmotoren bestücken und unsere praktischen Versuche damit so bald als möglich fortsetzen.«

Parallel dazu, so der Vorsitzende weiter, arbeite man mit technischen Experten an einem Nachbau des von Weißkopf verwendeten Acetylenmotors. Ein Unterfangen, das sich mittlerweile als nicht ganz einfach entpuppt hat, da historische Details über dessen Funktionsweise nur spärlich überliefert sind. Betscher: »Das Wissen um Acetylengas ist im Laufe dieses Jahrhunderts leider weitgehend verlorengegangen. In erster Linie gilt es für uns darum abzuklären, welche chemischen Zusätze Weißkopf damals verwendet hat.« Bisher habe man den Motor immerhin auf rund 220 Umdrehungen gebracht. »Im Rahmen einer universitären Diplomarbeit soll nun diesen Sommer untersucht werden, ob es möglich ist, damit auch die erforderlichen 700 Umdrehungen zu erreichen.«

Übrigens: Wer die originalgetreue Nachbildung von Weißkopfs Maschine selbst in Augenschein nehmen will, kann dies ab 1997 im Gustav-Weißkopf-Museum in Leutershausen tun.

4

Streitfall Perpetuum mobile

Robert Mayer formuliert das Gesetz der Energieerhaltung

>»Das Energieprinzip ist ein Erfahrungssatz.
>Sollte also eines Tages die Anerkennung seiner
>Allgemeingültigkeit eine Einschränkung
>erleiden, was in der Atomphysik tatsächlich
>manchmal vermutet worden ist,
>so würde das Problem des Perpetuum
>mobile plötzlich echt werden. Insofern ist
>seine Sinnlosigkeit keine absolute.«
>
>MAX PLANCK, Physiker

»Nicht patentfähig«

Wie viele Arbeitsstunden bereits in die Erfindung des Perpetuum mobile investiert wurden, läßt sich kaum abschätzen: Hunderte, wenn nicht gar Tausende von Konstruktionsvorschlägen und Modellen stolzer Erfinder landeten in den letzten Jahrhunderten auf dem Tisch der Wissenschaft. Alle wollten diese Tüftler das revolutionäre Patentrezept für eine Maschine entdeckt haben, die sich – wie es ihr Name sagt – »aus sich selbst bewegt«. Doch letztendlich waren ihre Bemühungen allesamt zum Scheitern verurteilt.

Wie mir Christiane Demeulenaere-Douyère vom Institut de France 1994 mitteilte, entschloß sich die renommierte Pariser Académie des Sciences bereits 1775 dazu, keine Patentanträge dieser Art mehr anzunehmen. Offizielle Begründung: »Die Konstruktion eines Perpetuum mobile ist vollkommen unmöglich.« Gleichzeitig wurde damals auch allen Vorschlägen zum Thema »geometrische Duplikation des Kubus, geometrische Dreiteilung des Winkels und geometrische Quadratur des Kreises« eine pauschale Absage erteilt.

Bezüglich der Kreisquadratur schienen sich die Fachleute ihrer Sache allerdings nicht sehr sicher zu sein. In der schriftlichen Erklärung der Académie stieß ich jedenfalls auf folgende Passage: »Die Quadratur des Kreises ist das einzige der zurückgewiesenen Probleme, das zu erforschen sich wirklich lohnen könnte. Falls sie einem Fachmann wider Erwarten doch noch gelänge, würde das seinen Ruhm nur verdoppeln.«

Auch das Deutsche Patentamt bezeichnet Erfindungen aus dem Bereich Perpetuum mobile in seiner aktuellen Informationsschrift als »nicht patentfähig«. Der Grund dafür liegt darin, daß unseren Physikern heute in Form des ersten und zweiten Hauptsatzes der Thermodynamik, der Wärmelehre, zwei Erfahrungssätze vorliegen, welche die Konstruktion eines Perpetuum mobile von vornherein ausschließen:

1. Es ist unmöglich, eine periodisch arbeitende Maschine zu konstruieren, die fortlaufend mehr Energie abgibt als zu ihrem Betrieb aufgewendet werden muß. (»Energieerhaltungssatz«)
2. Es ist unmöglich, eine periodisch arbeitende Maschine zu konstruieren, die weiter nichts bewirkt als Arbeit zu leisten und ein Wärmereservoir abzukühlen. (»Entropiesatz«)

Empirisch hergeleitet und formuliert wurde das Gesetz der Energieerhaltung erstmals im 19. Jahrhundert durch

Robert Mayer. Es besagt, daß die Gesamtenergie, also die Summe aller einzelnen Arten von Energien, bei jedem physikalisch-chemischen Vorgang unverändert bleibt. Seither hat es sich derart gut bewährt, daß die Physiker kaum noch an seiner Gültigkeit zweifeln.

Vor gut hundert Jahren war das freilich noch anders, denn auch Mayer gehört zu jener unglücklichen Schar unverstandener Pioniere, die von ihren Kollegen mit allen möglichen unfairen Mitteln boykottiert und bekämpft wurden.

Blutige Erkenntnis

Robert Mayer wird 1814 in Heilbronn geboren. Nach einem abgeschlossenen Medizinstudium heuert er als Arzt auf einem Schiff an, das ihn 1840 nach Java bringt. Dort fällt ihm bei seinen Aderlässen auf, wie gering sich hier – im Gegensatz zu Europa – die Farbe von arteriellem (sauerstoffreichem) und venösem (stauerstoffarmem) Blut unterschied. Mayer erklärt sich diesen Umstand damit, daß der Körper dem Blut aufgrund der hohen Außentemperatur weniger Sauerstoff zur Verbrennung und Wärmeerzeugung entziehen mußte. Energie und Wärme standen offensichtlich in einer Wechselbeziehung.

Als der Heilbronner 1841 von seiner Reise zurückkehrt, macht er sich sogleich an weitere Untersuchungen, um seine Beobachtung zu erhärten. jeden Tag wächst in ihm die Vermutung, auf etwas Neues, etwas wirklich Revolutionäres gestoßen zu sein, und so fertigt er schließlich einen Artikel über seine Entdeckung an, in welchem er seine Gedanken über die Energieerhaltung ausführlich darlegt und begründet.

Professor Johann Christian Poggendorff, Herausgeber der Zeitschrift »Annalen der Physik und Chemie«, kann sich allerdings nicht zu einer Veröffentlichung entschließen. Er antwortet dem enttäuschten Arzt nicht einmal. Zu stark wichen die von Mayer formulierten Überlegungen von der damals vorherrschenden Lehrmeinung ab. Erst Justus von Liebig, Mitherausgeber der »Annalen der Chemie und Pharmazie«, publiziert Mayers inzwischen überarbeitete und verbesserte Arbeit am 31. Mai 1842 schließlich doch noch.

Der von Mayer so sehnlich erhoffte Aufruhr in der wissenschaftlichen Welt bleibt freilich aus. Jahrelang ignorieren weltbekannte Kapazitäten sein Gedankengut schmählich. Was soll ein einfacher Arzt schon Weltbewegendes über die Physik in Erfahrung gebracht haben, denkt man sich, und legt die Arbeit ungelesen beiseite.

»Eine Menge von unhaltbaren Ansichten«

Am 14. Mai 1849 veröffentlicht Mayer in der »Augsburger Allgemeinen Zeitung« einen kurzen Artikel über seine Entdeckung. Wenige Tage später, am 21. Mai, fühlt sich der Tübinger Privatdozent Dr. Otto Seyffer als Vertreter der klassischen Schulwissenschaft dazu verpflichtet, für dieselbe Zeitung eine fachliche »Richtigstellung« hinterherzuschieben.

»Die neue physikalische Entdeckung, welche Herr Dr. Mayer von Heilbronn vor wenigen Tagen in diesen Blättern ankündigte«, schreibt Seyffer spöttisch, »bedarf für den Mann vom Fach keiner näheren Erörterung, da er dieselbe auf den Standpunkt zurückzuführen weiß, der ihr zukommt. Der Leser aber, welcher in solchen Dingen unbewandert ist, wird eine Erläuterung derselben nach dem Stande der Wissenschaft gerne vernehmen. Herr Mayer hat schon vor mehreren Jahren in den ›Annalen der Chemie und Pharmazie‹ einen Aufsatz über die Kräfte der unbelebten Natur bekanntgemacht und daselbst eine Menge von unhaltbaren Ansichten über die Naturkräfte aufgestellt. Auf diesen Aufsatz beruft er sich auch bei seiner neuen vermeintlichen Entdeckung. Auf denselben näher einzugehen, ist hier nicht der Platz; die Verwirrung, welche darin zwischen den Begriffen Kraft, Ursache, Wirkung etc. herrscht, und die Deduktionen, welche er daraus zieht, sind schon hinlänglich in ihrer Unhaltbarkeit in wissenschaftlichen Organen beleuchtet worden.«

Das Recht auf Gegendarstellung wird Mayer verwehrt. Überhaupt scheint sich mittlerweile alles gegen den Heilbronner Arzt verschworen zu haben. Familiäre Schicksalsschläge sowie eine Gehirnhautentzündung, in deren Delirium er sich aus dem Fenster stürzt, tragen das ihrige zu seiner mißlichen seelischen Lage bei, und so entschließt er sich 1852 auf Anraten seiner Angehörigen zu einer Kur in einer Heilanstalt.

Nach einigem Hin und Her landet Mayer für ein Jahr hinter den Gittern einer psychiatrischen Klinik, wo er – unverstanden und eingepfercht in eine Zwangsjacke – die wohl schwerste Zeit seines Lebens verbringt.

Überfällige Würdigung

1862 wird Robert Mayer endlich die längst fällige akademische Würdigung zuteil. Plötzlich taucht sein Name im Rahmen wissenschaftlicher Konferenzen auf, plötzlich werden ihm Auszeichnungen für seine »revolutionären Gedanken« überreicht und euphorische Lobesreden über seine Verdienste geschwungen. Zu verdanken hatte er diesen Meinungsumschwung in erster Linie dem englischen Physiker John Tyndall, der sich in der Fachwelt vehement für seine Thesen stark gemacht hatte.

Schon kurze Zeit später wird Mayer der Ehrendoktortitel der Universität Tübingen zugesprochen. 1867 wird er für seine wissenschaftlichen Verdienste gar geadelt. Seither hat der Energieerhaltungssatz alle Hürden genommen. Mehrmals schienen ihm neue Beobachtungen zu widersprechen, und doch wurde er immer wieder bestätigt.

Dennoch: Da es sich sowohl beim Energieerhaltungssatz als auch beim Entropiesatz um empirisch hergeleitete Erfahrungssätze handelt, besteht – entgegen der allgemein verbreiteten Meinung – keine definitive Gewißheit darüber, daß die erfolgreiche Konstruktion eines Perpetuum mobile a priori unmöglich ist. Und so werden von wissenschaftlichen Außenseitern immer wieder einmal Zweifel an ihrer Gültigkeit geäußert.

Dem mittlerweile verstorbenen deutschen Erfinder Robert Groll etwa, so berichtet uns Armin Witt, ehemaliger Chefredakteur der »Münchener Rundschau«, 1991 in seinem Buch »Das Galilei-Syndrom – Unterdrückte Entdeckungen und Erfindungen«, sei bereits vor etlichen Jahrzehnten eine »mathematische Widerlegung des zweiten Hauptsatzes der Thermodynamik« geglückt – ohne, daß das wissenschaftliche Establishment dies zur Kenntnis genommen hätte. Im weiteren sei es Robert Groll gelungen, lediglich mit Zirkel und Lineal die flächengleiche Umwandlung eines Kreises in ein Quadrat – die sogenannte »Quadratur des Kreises« – zu bewerkstelligen.

Robert Groll: Genie oder Scharlatan?

Handelt es sich bei Robert Groll tatsächlich um ein verkanntes Genie, wie Witt schreibt, oder gehört auch Groll in die lange Liste der Perpetuum-mobile-Entdecker eingereiht, die im Laufe der Geschichte einer Selbsttäuschung unterlagen? Ich entschloß mich zu einer Stichprobe und legte Grolls Berechnungen einem mir bekannten Naturwissenschaftler vor.

Die Antwort fiel ernüchternd aus. »Daß bisher niemand die bereits Ende der achtziger Jahre publizierte Herleitung der Quadratur des Kreises von Groll aufgegriffen hat, ist leicht verständlich«, erklärte er mir. »Schon 1882 nämlich hat der Mathematiker Ferdinand von Lindemann (1852-1939) die Transzendenz der Zahl Pi mathematisch bewiesen und damit auch ein für allemal gezeigt, daß die Quadratur des Kreises unmöglich ist. Im Gegensatz zur Naturwissenschaft, die genaugenommen keinen einzigen Satz wirklich ›beweisen‹ kann, und die immer die Möglichkeit offenlassen muß, daß ein bisher für richtig gehaltener Satz eines Tages in seiner Gültigkeit eingeschränkt werden muß, können in der Mathematik Sätze bewiesen werden, die für immer ihre Gültigkeit behalten. Ich habe eine ganze Weile versucht, zu verstehen, was Groll eigentlich macht. Die Beschreibung ist aber dermaßen unklar, daß es mir nicht möglich war, seinen Gedankengang nachzuvollziehen.«

Wenig begeistert zeigte sich der Fachmann auch von Grolls Perpetuum-mobile-Idee: »Wenn Groll behauptet, es sei ihm eine mathematische Widerlegung des zweiten Hauptsatzes der Thermodynamik gelungen, so ist davon (gelinde gesagt) nicht sehr viel zu halten, um so mehr, als man den zweiten Hauptsatz gar nicht mathematisch widerlegen kann, weil es sich dabei eben nicht um einen mathematisch herzuleitenden Satz, sondern um ein empirisches Gesetz handelt.«

Ein anderer von mir befragter Experte, von Haus aus Professor für Mathematik, unterlegte seine gleichfalls negative Einschätzung von Grolls Quadraturvorschlag gar mit umfangreichen rechnerischen Erläuterungen, die zahlreiche Irrtümer in dessen Herleitung offenbaren.

Dennoch hält Autor Armin Witt weiterhin an der Richtigkeit von Grolls Überlegungen fest, wie er mir gegenüber erklärte: »Ob etwa nach Lindemann Pi transzendent ist, ist nach Groll ebenso belanglos, wie eine Fliege, die in Honduras von der Wand fällt. Wer mein Buch aufmerksam liest, dem wird auffallen, daß Herr Groll nur die Antwort auf die klassische Frage gegeben hat, wie der Kreis geometrisch quadriert werden kann. Es hat ihn nicht interessiert, wie man ihn rechnerisch beweisen kann. Mit Lineal und Zirkel löste er nur die alte geometrische Aufgabe, deren Vorgabe nicht der Taschenrechner oder die trigonometrische Grenzwertbestimmung war. Die metrische Bestimmung war ihm egal. So einfach zu denken und an ungelöste Probleme heranzugehen, ist unseren heutigen Mathematikern nicht mehr gegeben. Und wenn die Wissenschaftler behaupten, der zweite Hauptsatz der Thermodynamik sei ein ›empirisches Gesetz‹ (...), dann wären Wissenschaft und Forschung unter diesem Gesichtspunkt sowieso überflüssig. Unsere Wissenschaftler könnten dann direkt als Priester auftreten.«

Drama ohne Ende

Boykottierte Erfindungen der Neuzeit

> »Erfindungen entspringen einer Unzufriedenheit
> mit Bestehendem und der Überzeugung,
> daß es möglich sein müsse, es besser zu machen.«
>
> GORDON RATTRAY TAYLOR, Autor

Kreatives Potential

April 1995. In Genf findet die 23. Internationale Erfindermesse statt. Für mich eine ideale Gelegenheit, einmal mit den Erfindern der Neuzeit in Kontakt zu kommen, um mehr über ihr Wesen und ihre Ideen zu erfahren.

Es ist schon eine seltsame Mischung von Menschen, die sich an einer solchen Ausstellung trifft. Vom zerstreuten Tüftler bis hin zum professionellen Manager findet der Besucher hier so ziemlich jeden Menschenschlag vertreten. Deutsche Erfinder sind ebenso zugegen wie ihre Kollegen aus Osteuropa oder den fernöstlichen Gebieten. Alle sind sie auf der Suche nach interessierten Produzenten und Lizenznehmern. Daneben bietet sich dem Interessierten im zweiten Teil der Messe die Möglichkeit, eine Vielzahl bereits ausgereifter Neuerungen käuflich zu erwerben.

Im Rahmen meines Besuches treffe ich auf eine ganze Reihe interessanter Menschen. Nicht immer können mich ihre Entwicklungen überzeugen. Was mir hingegen durchweg imponiert, ist ihre Kreativität: Heinz Madeker aus Simbach etwa zeigt mir seine »Schutzsohle zum Aufklemmen an Straßenschuhen im Wohnbereich«. Die BEM AG aus Fellbach wiederum demonstriert dem interessierten Publikum ihre Vakuum-Früchteschale, die leidige Insekten vom Obst fernhält und gleichzeitig auch als Frischeschutz fungiert. Ein Gerät, mit dem das Einschlagen eines Nagels zum Kinderspiel wird, kann die BEM ebenfalls vorweisen. Der Sohn des Erfinders führt es mir stolz vor. Interessant ist auch ein Miniaturmodell von Julius Diosegi aus Volketswil (Schweiz). Sollte er für seine Erfindung einen Abnehmer finden, wird man im Parkhaus künftig weitaus einfacher parken können: Per Lift wird das Auto automatisch auf den nächsten freistehenden Platz gehievt.

Mit Manfred Beyer, einem Patentprüfer vom Deutschen Patentamt, komme ich gegen Abend ins Gespräch. »Die Erfinder fühlen sich durch die Ämter, mit denen sie zu tun haben, durch die andere Welt, die da herrscht, oft allein gelassen«, erklärt er mir. Durch die Anwesenheit von Vertretern der Patentämter sei deshalb für Privatanbieter, die sich die oft sehr teuren Patentanwälte nicht leisten können, eine Möglichkeit geschaffen worden, Verständigungsprobleme zu lösen und Formulierungshilfen bei Patentanträgen zu leisten.

Ob er schon von Erfindern gehört habe, deren Entwicklungen in irgendeiner Form boykottiert worden seien, frage ich ihn.

Beyer nickt: »Tatsächlich habe ich schon davon gehört, daß gewisse Erfindungen nach ihrer Patentierung kurzfristig in Firmentresors verschwanden. Ausschlaggebend dürfte in solchen Fällen jeweils die individuelle Firmenphilosophie sowie die spezifische Geschäftspolitik sein. Wenn eine Firma in eine bestimmte Produktionslinie investiert hat und nun plötzlich feststellt, daß eine Erfindung auf den Markt kommt, die es erlaubt, das von ihr angebotene Gerät wesentlich preisgünstiger herzustellen, ist sie in der Regel natürlich daran interessiert, diese Erfindung aufzukaufen und vorerst wegzuschließen. In einem gewissen Sinn ist das sicherlich bedauerlich, andererseits dürfen wir aber nicht vergessen, daß wohl jeder Betrieb in erster Linie an seinem eigenen Wohl interessiert ist und weniger am Wohl der Menschheit. Man mag diese Haltung kritisieren, aber sie ist nun einmal impliziter Teil der Marktwirtschaft.«

Ob denn die jeweiligen Patentprüfer nicht auch Trugschlüssen aufsitzen könnten oder aufgrund ihres schulwissenschaftlichen Hintergrunds manchmal vielleicht vorschnell eine möglicherweise revolutionäre Entwicklung als uninteressant abqualifizieren würden, will ich zum Abschluß unseres Gesprächs wissen.

Beyer denkt einen Moment nach und schüttelt dann den Kopf. »Die Prüfer urteilen nach bestem Wissen und Gewissen, und wenn etwas wirklich funktioniert, dann wird das in der Regel auch erkannt. Ich glaube, wir können unseren Fachleuten diesbezüglich durchaus vertrauen, um so mehr, als sie ja auch immer den aktuellen Stand der Wissenschaft in ihre Bewertung mit einbeziehen.«

»Schwere Krise«

Scharfe Töne hinsichtlich dieses »aktuellen Standes« schlägt der Publizist Hans-Joachim Ehlers an, der sich seit vielen Jahren gegen die Unterdrückung technischer und wissenschaftlicher Entdeckungen engagiert. Seiner Meinung nach ist der wissenschaftliche Betrieb heute in lauter Spezialgebiete segmentiert, die ihrerseits von »Wissenschaftspäpsten« regiert würden.

Rund 200 »unfehlbare Autoritäten« verschiedenster Disziplinen, so schätzt Ehlers, seien allein in Deutschland zu finden. Diese würden mit der Industrie ebenso eng zusammenarbeiten wie mit Juristen oder Politikern, für welche sie gutachterlich tätig sind. Ehlers wörtlich: »Sie bestimmen unter anderem, wohin die Forschungsgelder fließen und wohin nicht. Sie sagen den Richtern, was sie als Wissenschaft anzusehen haben und was als Scharlatanerie. Sie beherrschen aber auch die Patentämter. Denn nur was ihrem wissenschaftlichen Weltbild entspricht, kann auch funktionieren, also patentiert, geschützt und industriell vermarktet werden.«

Kommt dazu, daß die Öffentlichkeit nur unterstützen kann, was sie auch kennt. Die folgende Aussage von Gösta W. Funke – sie findet sich in einem von ihm für die Zeitschrift »Bild der Wissenschaft« verfaßten Artikel aus dem Jahre 1970 – trifft den Nagel wohl auf den Kopf:

»Vor kurzem erst brachte eine weltbekannte deutsche Firma ein neues Heizgerät heraus, das den Anforderungen an die Gesundheit zu genügen scheint. Ich habe veranlaßt, daß es in einem interessierten schwedischen Labor geprüft wird; die Prüfung scheint positiv zu verlaufen. Die Öffentlichkeit wird jedoch über solche Dinge so mangelhaft informiert, daß die Produktion minderwertiger Heizgeräte wahrscheinlich noch viele Jahre lang weiterlaufen wird.«

Es ist wahrlich eine traurige Situation, und sie hat sich im Gegensatz zu früher kaum verändert. Verschiedene Erfinder der Neuzeit können ein Lied davon singen.

Wenn Behörden auf stur schalten

»Wissen Sie, ich habe jeden Glauben an die Aufrichtigkeit unseres Staates verloren. Seit Jahren wird mein Heizkesselsystem boykottiert und durch den Dreck gezogen. Dabei handelt es sich nachweisbar um das umweltfreundlichste System überhaupt!«

Richard Vetter schimpft. Und das mit Recht. Sein irrwitziger Gang von Behörde zu Behörde dürfte wohl in die Geschichte eingehen. Als Besitzer einer Fabrik gab ihm seit jeher der unverhältnismäßig hohe Ölverbrauch seiner Öfen sowie die sinnlos in die Umwelt gelangende Restwärme zu denken. Bis zu 200 Grad heiße Abgase verpufften – angereichert mit einer gehörigen Portion Schwefeldioxid – ungenutzt in der Atmosphäre.

Der Erfinder aus Peine begann nachzusinnen und entwickelte schließlich einen revolutionären Heizkessel, der die ausströmende Wärme mit Hilfe zweier Wärmetauscher auf 20 bis 30 Grad reduziert. Dadurch entfiel die Konstruktion eines Schornsteins: Ein simples Kunststoffrohr sorgt dafür, daß die Abgase (vor allem das schädliche Schwefeldioxid) durch den niedrigen Wärmegehalt kondensieren und mit Hilfe eines speziellen Wassereinspritzverfahrens gebunden und abgeleitet werden können. Zur Entsorgung dieses »sauren« Wassers entwickelte Vetter ein Granulat, welches das Schwefeldioxid auf effiziente Art und Weise chemisch zersetzt. Um das Sicherheitsrisiko zu beschränken, installierte er zusätzlich eine Meßeinrichtung, welche die Anlage bei Temperaturen ab 40 Grad automatisch abschaltet.

Richard Vetter hatte damit den wohl umweltfreundlichsten Ofen unserer Zeit entwickelt. Erstmals ließ sich die Restwärme effizient nutzen, was für den Verbraucher eine Energieersparnis von satten 50 Prozent mit sich brachte. »Man sollte meinen, daß Behörden und Politiker sich nun nach Kräften bemüht hätten, ihn zu unterstützen, sei es materiell durch Zuschüsse oder wenigstens ideell durch lobende Worte«, schreibt der Autor Daniel Knop, dem es zu verdanken ist, daß die Erfindertragödie

173

Vetters umfassend dokumentiert worden ist. »Doch nichts dergleichen geschah.«

Die Chronologie von Vetters Erfindung und seine Odyssee durch den bundesdeutschen Paragraphenwald ist in der Tat kaum zu glauben: 1977 beginnt er sein Heizsystem zu entwickeln. 1982 ist er soweit, es serienmäßig herstellen zu können. Da ihm aber noch keine allgemeine Baubewilligung vorliegt, muß er jeden einzelnen Ofen, der vom Band läuft, gegen eine Gebühr von 500 DM vom Technischen Überwachungsverein (TÜV) prüfen lassen.

Im November präsentiert Vetter seine Entwicklung dem Niedersächsischen Sozialministerium in Hannover und reicht ein Gesuch um Bewilligung einer allgemeinen Baugenehmigung ein. Schon kurze Zeit später spricht der TÜV Hannover in einem Gutachten von einem Abgasentschwefelungsgrad von 92 Prozent. Geradezu hilflos äußert sich im Mai 1983 dagegen das Institut für Bautechnik in Berlin: »Der Sachverständige (...) kann sich nicht erklären, wo die Masse des Schwefels geblieben sein könnte. (...) daß Rauchgas durch Eindüsen von Wasser von Schwefeldioxid befreit werden kann, widerspricht allen uns bisher erreichbaren Erfahrungen.« Dennoch wird dem chemisch gereinigten Schadstoffabwasser im November 1983 von amtlicher Seite »Trinkwasserqualität« attestiert.

Man schreibt das Frühjahr 1984, als Richard Vetter dazu aufgefordert wird, auf eigene Kosten ein Gesamtgutachten seines Ofens in Auftrag zu geben. Erst danach könne eine allgemeine Baubewilligung erfolgen. Die bisher erfolgte Einzelabnahme der Öfen durch den TÜV Hannover wird gestoppt.

Im September überläßt Vetter den TÜV-Vertretern einen Ofen zur Durchführung des fraglichen Betriebsgutachtens, worauf dessen Vertreter rund ein halbes Jahr später ein ausgesprochen negatives Zwischengutachten vorlegen. Die Prüfer sprechen darin von Abgastemperaturen zwischen 100 und 200 Grad, welche sie – nach Abschaltung des zweiten Wärmetauschers – im Innern des Geräts gemessen haben wollten. Temperaturen, die aufgrund der im Ofen enthaltenen Kunststoffteile unweigerlich zu hohen Sicherheitsrisiken für den Betreiber geführt hätten.

Vetter versteht die Welt nicht mehr. Schließlich kennt er seinen Ofen in- und auswendig. Die vom TÜV veranschlagten Werte konnten schon deshalb nicht der Wahrheit entsprechen, weil sein Gerät ja einen Sicherheitsschalter enthielt, der die Anlage bei Temperaturen im kritischen Bereich in jedem Fall stillgelegt hätte!

Skandalöse Widersprüche

Auf Druck des Deutschen Fernsehens, das sich der Sache im Rahmen der Sendung »Panorama« mittlerweile angenommen hat, erklärt sich der TÜV Hannover bereit, die Messungen am 15. Februar 1985 vor laufender Kamera zu wiederholen. Die neuerliche Prüfung entwickelt sich zu einem Fiasko für die Experten: Als die TÜV-Vertreter vor den Kameras über die von ihnen angeblich gemessenen Temperaturwerte befragt werden, verstricken sie sich in immer neue Widersprüche. Peinliche und durchsichtige Rechtfertigungsversuche sind die Folge. Vetter, der inzwischen rund sechs Millionen Mark in die Entwicklung seines Ofens gesteckt hat, gerät verständlicherweise in Rage, um so mehr, als sich die gemessenen Temperaturen im öffentlich durchgeführten Versuch durchweg im Rahmen des von ihm veranschlagten, ungefährlichen Bereichs bewegen!

Dennoch zaubern die Prüfer in ihrem endgültigen Gutachten vom 1. März 1985 erneut Wertangaben hervor, die erheblich über den vor den Kameras gemessenen Zahlen liegen. Bezeichnenderweise muß sich Vetter, der immer noch auf seine Produktionserlaubnis wartet, jetzt am 6. März 1985 von einem Gremium, das dem niedersächsischen Sozialminister mitteilen soll, ob nun eine Bewilligung erteilt werden könne oder nicht, erklären lassen, daß das vorliegende TÜV-Gutachten in mehreren Punkten unvollständig sei und daher nicht als Grundlage für einen definitiven Entscheid herangezogen werden könne. Die Umweltverwaltung des Sozialministeriums Niedersachsen schlägt vor, auf eigene Kosten ein weiteres Gesamtgutachten in Auftrag zu geben. Widerwillig stimmt Vetter zu.

Unterdessen verstrickt sich der TÜV Hannover, der seine umstrittenen Aussagen rechtfertigen will, in neue Widersprüche: Der niedrige Temperaturwert in der Fernsehsendung sei – so die zuständigen Herren nachträglich – auf einen Temperaturmeßfühler zurückzuführen, der nicht ordnungsgemäß funktioniert habe. Daß ein Mitarbeiter Vetters während der öffentlichen Prüfung unabhängig vom TÜV dieselben, niedrigen Temperaturwerte messen konnte, wird wohlweislich verschwiegen. Als die »Panorama«-Redakteure den TÜV daraufhin bitten, ihnen das defekte Meßteil zwecks einer unabhängigen Prüfung für eine Welle zu überlassen, wird diese Bitte abschlägig beantwortet.

Auch beim Umweltbundesamt in Berlin bleibt man weiterhin skeptisch: jeder, der sich für den Vetter-Ofen interessiert, erhält von dort eine dreiseitige Stellungnahme, in welcher dessen Umweltfreundlichkeit stark in Zweifel gezogen wird. Begründung von Klaus Rosenbusch, dem zuständigen Experten: »Die Abgasentschwefelung von 80 Prozent, wie Vetter behauptet, lassen naturwissenschaftliche Gegebenheiten einfach nicht zu.«

Späte Rehabilitation

Am 17. Februar 1986 erhält Richard Vetter aus den Händen eines Vertreters der Abteilung Bautechnik im niedersächsischen Sozialministerium endlich das endgültige Gutachten, das die Vorzüge seines Ofens sowie die umweltfreundlichen Meßwerte rückwirkend vollauf bestätigt. Autor Knop dazu: »Sicher ist (…), daß Richard Vetter mit diesem Sieg über engstirnige Bürokraten eine neue Epoche im Ofenbau eingeleitet hat; das Kunststoffzeitalter. Was bis dahin für undenkbar gehalten wurde und Experten aller Couleur in Aufregung versetzt hatte, das hat sich nun doch als richtiger Weg entpuppt.«

Noch immer steht allerdings eine offizielle Baubewilligung aus. Schornsteinfegerverbände nutzen die Gelegenheit, um allerorts mit unfairen Methoden gegen den neuen Ofen zu intrigieren, da sie durch dessen rußfreien Betrieb um ihren Berufsstand fürchten.

Auch als Vetter am 19. Dezember 1986 in München durch das Deutsche Institut für Erfindungswesen die Silberne Diesel-Medaille überreicht wird, schießen gewisse Institutionen nach wie vor aus allen Rohren gegen die Vorzüge des alternativen Systems. Die Stadtwerke Hannover AG beispielsweise beantwortet Briefe mit der simplen Bitte um Mitteilung von Vetters Anschrift mit einem Schreiben, in dem die angeblichen Vorzüge anderer Öfen unverhohlen angepriesen werden.

Schließlich erhält Vetter nach der erfolgreichen Überwindung weiterer Hürden doch noch die behördliche Erlaubnis, seine Entwicklung serienmäßig herstellen zu dürfen. Unverständlicherweise ist die Bewilligung jedoch befristet und muß alle paar Jahre gegen teures Geld erneuert werden.

Erst Mitte 1995, wenige Wochen bevor ich mit dem Erfinder erstmals in Kontakt trat, wird ihm endlich die bundesweite Vertriebsgenehmigung für seine revolutionäre Erfindung erteilt. »Zwölf Jahre bin ich jetzt den erforderlichen Genehmigungen nachgerannt«, erklärt mir Vetter verbittert. »Es ist wahrlich ein Skandal!«

Bezeichnenderweise ist Richard Vetter bis heute kein einziger Fall bekannt, in dem es zu größeren Problemen mit einem seiner Öfen gekommen wäre. Im Gegenteil: Die Anwender, unter ihnen auch verschiedene größere Firmen, zeigen sich allesamt zufrieden über den energiesparenden Heizkessel. Warum es also in der heutigen Zeit mehr als eines vollen Jahrzehntes bedarf, um eine bundesweite Vertriebsgenehmigung für ein außerordentlich umweltfreundlich arbeitendes Heizsystem zu erwirken, wird wohl immer ein Rätsel bleiben. Hätte Vetter außerdem nicht über ein gehöriges finanzielles Polster verfügt, das es ihm überhaupt erst ermöglichte, Prozesse zu führen und fehlerhafte Gutachten anzufechten, würden wir seinen Namen heute wohl in der langen Reihe gescheiterter Erfinder suchen müssen.

Übrigens: Wer – wie ich – in Sachen Vetter-Heizkessel das Umweltbundesamt in Berlin anschreibt (es hatte die Vorzüge des Ofens – wie bereits erwähnt – noch 1985 stark in Zweifel gezogen), erhält von dort mittlerweile eine ziemlich lapidare Antwort: »Der Heizkessel von Herrn Vetter ist uns nicht bekannt.«

Überflüssige Überlandleitungen?

Mit den Behörden im Clinch liegt auch der Hamburger Erfinder Werner Berends. Seine provokative Behauptung: »Überlandleitungen sind vollkommen überflüssig. Ökologisch und wirtschaftlich wäre es viel sinnvoller, Hochspannungskabel unterirdisch zu verlegen.«

Berends' nach verschiedenen Rechtsstreitigkeiten am 1. Juli 1976 endlich patentiertes, unterirdisch verlegbares und mit Polyurethan-Hartschaum isoliertes Starkstromkabel (Deutsches Patentamt München, Nr. 1665 184) wiegt offensichtlich spielend bestehende Mängel herkömmlicher Stromleitungen auf. Hauptvortell, neben landschaftsästhetischen Argumenten: Im Gegensatz zu heute zwangsläufig akzeptierten Leitungsverlusten von 20 Prozent und mehr, arbeitet die Berends-Leitung gerade mal mit einem Zehntel dieser Werte. Ein Gutachten des Electric Power Research Institute (EPRI) in Palo Alto (USA) bescheinigte der Entwicklung des Hamburgers im April 1977 entscheidende Vorteile.

Jahrelang hatte der Erfinder für die Erteilung eines Patents kämpfen müssen. Ein Behördenstreit sondergleichen war dafür verantwortlich, daß ihm die alleinigen Verwertungsrechte für seine Leitungskomponenten erst nach sieben langen Jahren zugesprochen wurden, dann aber bezeichnenderweise rückwirkend bis 1968. Dennoch findet Berends – sein Patentanspruch ist inzwischen längst abgelaufen – bis heute keinen Abnehmer für seine Entwicklung.

Verantwortlich dafür dürfte unter anderem eine ganze Anzahl von Gegendarstellungen der Stromlobby sein, die als Reaktion auf einen 1980 im Nachrichtenmagazin »Der Spiegel« erschienenen, kritisch wohlwollend formulierten Artikel erfolgt waren. Der Erfinder gegenüber dem Autor: »Insbesondere ein Sonderrundschreiben der Vereinigung Deutscher Elektrizitätswerke war unsachlich, widersprüchlich und ohne Kenntnis der EPRI-Studie geschrieben worden. Nach einer umfassenden Antwort von mir herrschte Funkstille. Leider wird der polemische Inhalt dieses Rundschreibens noch heute von verschiedenen Stellen im In- und Ausland verwendet.«

Auch eine öffentliche Anhörung über unterirdische Hochspannungsanlagen, die am 27. Mai 1982 vor dem Hessischen Landtag stattfand, zeigte kein Ergebnis. »Die bei diesem Hearing anwesenden Experten und Hochschulprofessoren konnten keine sachlich fundierten Einwände gegen das völlig neuartige Energieübertragungssystem vorbringen«, ärgert sich Berends. »Es wurde dort sogar bestätigt, daß 90 Prozent der Übertragungsverluste eingespart und damit viele Großkraftwerke stillgelegt werden könnten. Als jedoch die Frage nach dem Stand der Erprobung dieses Systems erhoben wurde, war keiner der Anwesenden bereit, darauf einzugehen. Für den Vorsitzenden war dies Anlaß genug, die Feststellung zu treffen, daß niemand daran interessiert sei, worauf die Sitzung abrupt beendet wurde.« Die Gründe für die Ablehnung des neuen Übertragungsverfahrens sind nach Berends in der international zentralisierten Verfügungsgewalt des Energiewirtschaftskartells zu suchen: »Wie in vielen anderen Bereichen unserer Wirtschaft ist auch hier zu beobachten, daß einmal auf den Markt eingeführte Techniken so lange weiter genutzt werden, wie sie Kapitalgewinn erwirtschaften.«

Stichwort Waldsterben

Mehr und mehr begann sich der agile Erfinder in den letzten Jahren mit den gesundheitlichen Auswirkungen von Hochspannungsleitungen zu beschäftigen. Die Ergebnisse aus diesem Sektor lieferten ihm ein weiteres Argument für seine unterirdischen Leitungen. Berends: »Ende 1982 wurde die Öffentlichkeit erstmalig über das sich dramatisch ausweitende »neuartige Waldsterben« informiert. Nachdem ich mir 1983 und 1984 die Schäden in Deutschland, Österreich und der Schweiz sehr genau angesehen hatte, kam ich zu dem Ergebnis, daß hier ein direkter Zusammenhang zwischen diesem neuartigen Waldsterben und den ebenso neuartigen Höchstspannungs-Freileitungen für die 400-kV-Ebene besteht.«

Die folgende Passage aus einer seiner Schriften scheint mir außerordentlich relevant, so daß ich sie – mit freundlicher Genehmigung des Erfinders – wortwörtlich zitieren möchte. Berends weist dort darauf hin, daß es mittlerweile »wissenschaftlich unbestritten« sei, daß an den neuartigen Höchstspannungs-Freileitungen durch Koronarentladungen Ozon und Stickstoffoxide entstehen und die Luft durch hohe Feldstärken ionisiert wird: »Besonders nebliges Wetter begünstigt diese Vorgänge, welche nicht nur in Höhe der Baumkronen stattfinden, sondern häufig auch noch direkt in den Wäldern. Die längere Zeit schwebenden und deshalb mit Schadstoffen hoch beladenen Nebeltröpfchen können so weitere Gifte aufnehmen und werden dabei stark ionisiert. Bei jedem natürlichen Ionisationsprozeß herrscht ein Gleichgewicht zwischen positiven und negativen Ionen. An den Freileitungssystemen ist dies wegen variierender Feldstärken, nicht symmetrischer Felder, der Einflüsse von Gravitation und Wind nicht der Fall. Durch die gewaltigen Abmessungen der 400-kV-Systeme werden besonders große Volumenelemente ionisiert. (...)

In der ganzen Bundesrepublik läßt sich einwandfrei nachweisen, daß es in der Hauptwindrichtung hinter 400-kV-Systemen grundsätzlich schwerste Schäden in den Nadelwäldern gibt, zumindest dort, wo diese Leitungen mindestens fünf Jahre in Betrieb waren. Im norddeutschen Flachland ist dieser Nachweis besonders leicht möglich. (...) Über diese (...) Gefahr wird in keiner Fachdiskussion und in keiner Veröffentlichung auch nur ein Wort verloren.

Um diese absurde Situation zu begreifen, muß man wissen, daß das ›Europäische Forschungszentrum für Maßnahmen zur Luftreinhaltung‹ im Kernforschungszentrum Karlsruhe angesiedelt ist und die Verteilung der Mittel dafür die Kernforschungsanlage Jülich übernommen hat. Es wird daher verständlich, daß man immer wieder versucht, die Wälder mit Kernenergie zu retten und jede andere Maßnahme mehr oder weniger blokkiert.«

Fazit: Bestünden zwischen dem Waldsterben und den neuen Freileitungssystemen direkte Zusammenhänge, würden die unterirdischen Leitungselemente von Berends in der Tat aktueller denn je. Jedenfalls war es die Sache dem bayerischen Politiker Franz Josef Strauß wert, am 22. März 1985 einen Brief zu Händen des Hamburgers abfassen zu lassen:

»Das Thema, das Sie anschneiden, birgt die Gefahr in sich, daß es politische Wirrköpfe und/oder Fanatiker aufgreifen, wenn es zu sehr in der breiten Öffentlichkeit diskutiert wird. Massendemonstrationen mit entsprechender Zerstörung und Sabotageakte sind nicht auszuschließen. Solches aber würde gerade wiederum eine Volkswirtschaft belasten, deren ganze Kraft zur Lösung unserer heutigen Probleme dringend erforderlich ist. Wenn die Dinge richtig laufen sollen, müssen die verantwortlichen Politiker, in erster Linie der Bundesinnenminister, der Bundesforschungsminister und der Bundeslandwirtschaftsminister, in einer ersten Vorbereitungsphase zu einem geheimen, aber absolut wirkungsvollen Übereinkommen mit der Elektrizitätswirtschaft kommen, dahingehend, daß neue Höchstspannungs-Freileitungssysteme in der Regel nicht mehr genehmigt werden und statt dessen zum Beispiel eine unterirdische Verkabelung, wie sie vorgeschlagen ist, durchgeführt werden muß. (...) Erst in einer späteren Phase, wenn es darum geht, die dadurch entstehenden hohen Kosten auf die gesamte deutsche Wirtschaft über erhöhte Strompreise größtenteils abzuwälzen ist eine gezielte Öffentlichkeitsarbeit angezeigt. Versuchen Sie nicht, Ihre Gedanken durch weitere Mobilisierung der Öffentlichkeit durchzusetzen und haben Sie Verständnis für verantwortliche Personen, wenn sie in der Vergangenheit die Diskussionen an einem bestimmten Punkt abgewürgt haben!«

Der Wunderfilter, den keiner kennt

Ein ähnliches Schicksal wie den Erfindungen von Vetter und Berends wird derzeit dem sogenannten »Frantz-Filter« zuteil, einem speziellen Nebenstrom-Öl-Filter, der den Öl-Wechsel beim Auto überflüssig macht.

Die Versprechungen der Hersteller tönen auf den ersten Blick fast zu verlockend: »90 Prozent Motoröleinsparung, 50 Prozent längere Lebensdauer der Motoren, 90 Prozent weniger Altöl«. Doch der Frantz-Filter funktioniert tatsächlich. Ein Schweizer, der sein Auto seit einiger Zeit damit ausgerüstet hat, bestätigte mir dies persönlich.

Der entscheidende Vorteil gegenüber herkömmlichen Systemen liegt in der Beschaffenheit des Filters. Sie ermöglicht es, bereits Verunreinigungen in der Größe eines Tausendstel Millimeters aus dem Öl zu entfernen, während die auf dem Markt angebotenen Hauptstromfilter erst ab einem Hundertstel Millimeter aktiv werden.

Das »Öko-Test-Magazin« wollte es 1989 ganz genau wissen und führte mit dem Filter einen Test durch – mit durchschlagendem Erfolg: »Wir haben einen Frantz-Filter in ein Großraumtaxi, einen VW-Bus (Diesel), einbauen und die Wirkung untersuchen lassen. Das Ergebnis nach 60 000 Kilometern ohne Öl-Wechsel: Unser Motoröl war noch vollständig in Ordnung.«

Bereits zwei Jahre zuvor unterrichtete »Fairkehr«, die Zeitschrift des Verkehrsclub der Bundesrepublik Deutschland, ihre Leser über einen Test, der mit dem Frantz-Filter vorgenommen worden war. Ergebnis: »Insgesamt beträgt die Öl-Ersparnis (...) bei einer Fahrstrecke von 100 000 Kilometern etwa 75 Prozent gegenüber dem herkömmlichen Öl-Verbrauch. Hinzu kommt, daß der neue Filter dem Motor ausgesprochen guttut. Da er von Beginn an feinste Feststoffe aus dem Öl entfernt, wird der Verschleiß an Kolbenringen, Öl-Abstreifringen und Lagern extrem verringert. Wir haben ein Fahrzeug mit einem hochgezüchteten Motor (...) über die Fahrstrecke von 40 000 Kilometern ohne Öl-Wechsel mit dem neuen Filter gefahren. Laut Hersteller müßte der hochempfindliche Turbolader-Motor eigentlich alle 7 500 Kilometer 3,5 Liter teures Leichtlauföl bekommen. Unsere Kontrollwerkstatt glaubt uns bis heute nicht, daß wir das Öl nicht heimlich gewechselt haben, insbesondere nachdem wir den Motorraum auf Verschleiß und Schlammablagerungen untersucht haben. Die Maschine sieht aus, als sei sie frisch vom Band gelaufen ...«

Begreiflicherweise läuft die Öl-Lobby Sturm gegen die umweltfreundliche Erfindung, könnte sie dadurch doch in Zukunft gut und gerne um ein paar hundert Millionen Mark Umsatz gebracht werden. Bei den Garagen, die ich angefragt habe, verhält sich die Sache ähnlich. Entweder kennt man den Wunderfilter nicht, oder es wird versucht, den Kunden mit allen möglichen Argumenten vom Kauf des kleinen Dings abzuhalten.

Die Mikrofiltertechnik GmbH in Geesthacht, die den Frantz-Filter in Deutschland vertreibt, äußerte sich mir gegenüber in einem Schreiben vom 12. Mai 1995 folgendermaßen:

»... können wir Ihnen nur bestätigten, was Sie bereits vermuteten. Obwohl dieser Filter nachweislich Erhebliches für die Sauberkeit von Ölen jeglicher Art leisten kann, wird seine Verwendbarkeit permanent von den ›Großen‹ dieser Welt geleugnet und die potentielle Kundschaft durch Garantieverweigerung und heraufbeschworene Motorschäden gezielt verunsichert. Wir haben tagtäglich mit diesem Widerstand zu kämpfen. Unser Produkt hätte – bei konsequenter Anwendung – natürlich zur Folge, daß erhebliche Umsatzeinbußen bei der betroffenen Industrie zu verzeichnen wären und zudem die immer mehr aufblühende Recycling-Wirtschaft einen kleinen Dämpfer erhielte. Insofern ist der Widerstand nachvollziehbar.«

IV
KRISENSTIMMUNG

Ohne den wissenschaftlichen Fortschritt befänden wir uns heute geistig und technologisch gesehen noch in der Steinzeit. In diesem Sinne verstehe ich mich als leidenschaftlicher Fürsprecher der Wissenschaft.

Was mir mißfällt, ist die Art und Weise, wie einzelne Gelehrte den ihnen gewährten intellektuellen und finanziellen Freiraum mitunter ausnützen. Nicht mehr alles, was uns heute unter dem Namen »wissenschaftliche Arbeit« verkauft wird, verdient diese Bezeichnung auch. Längst diktiert der Geldfaktor die Entwicklung unseres Wissens. Forschung findet oft nur noch dort statt, wo sie finanziell auch zu Buche Schlägt; das Wohl der Menschheit ist zweitrangig geworden.

Diese Entwicklung hat zur Folge, daß innerhalb des Wissenschaftsbetriebs derzeit ein Konkurrenzkampf erschreckenden Ausmaßes tobt. Da werden Daten manipuliert, Gelder erschwindelt und Kollegen ausgebootet. Ein stellvertretendes Beispiel, das sich an der berühmten Harvard University abspielte, schildert uns der Ethnologie-Professor und Maya-Experte Michael D. Coe in seinem 1992 erschienenen Buch »Das Geheimnis der Maya-Schrift«:

»Wegen der anstehenden Pensionierung von Gordon Willey, der anerkannten Leitfigur im Fach, wurde die Charles-Bowditch-Professur frei, die begehrteste Stelle in der Maya-Archäologie. Um sie neu zu besetzen, stellte eine vom Präsidenten einberufene Kommission eine kurze Liste geeigneter Kandidaten zusammen und erbat von seiten der Maya-Forscher schriftliche Stellungnahmen über sie. Was kam dabei heraus? Man erzählt sich, daß der Präsident, schockiert von der allgemeinen Bosheit

187

und *Gemeinheit der Briefe, gesagt haben soll, daß er so etwas in seinem ganzen Leben noch nicht gelesen hätte. Die Antwortschreiben vermittelten den Eindruck von wildgewordenen Haien bei der Fütterung, und die akademischen Gewässer waren rot von Blut. Es erübrigt sich beinahe zu sagen, daß die Stelle nicht besetzt wurde.«*

Im Rahmen meiner Recherchen habe ich zu diesem Thema mit vielen Wissenschaftlern intensive Gespräche geführt. Zwar bedauerten alle von mir befragten Personen Vorfälle dieser Art, begründeten die »Ausrutscher« ihrer Kollegen allerdings gewöhnlich mit den Schwächen des wissenschaftlichen Systems. Ihre hilflose Argumentation: Da nun mal kein besseres Modell existiert, müssen wir mit derartigen Tatbeständen leben.

Müssen wir das tatsächlich? Müssen wir akzeptieren, daß hochrangige, von der Öffentlichkeit bezahlte Experten ihre Resultate mitunter manipulieren? Müssen wir akzeptieren, daß wissenschaftliche Gutachter »gekauft« werden können? Ich meine: Wenn wir derartige Dinge wortlos hinnehmen, sie quasi als nicht aus der Welt zu schaffende, immanente Systemschwächen notgedrungen dulden, dabei aber übersehen, daß sie sich derzeit in nicht geahntem Ausmaß häufen, begeben wir uns in Teufels Küche. Werden hier nicht in Windeseile Kontrollinstanzen geschaffen, Systemabläufe hinterfragt, ethische Verhaltensregeln eingeführt und andere Maßnahmen ergriffen, zeichnen sich düstere Perspektiven für die Wissenschaft von morgen ab!

1

Experten im Zwielicht

Was im Wissenschaftsbetrieb sonst noch falsch läuft

>»Es kann vorkommen, daß gute Arbeiten nicht in wissenschaftlichen Zeitschriften veröffentlicht werden, weil der Autor an einen lästigen Referenten geraten ist und ihm der Streit zu mühselig wurde. Es kann auch vorkommen, daß ein autoritätsgläubiger Referent eine schlechte Arbeit eines berühmten Kollegen zur Veröffentlichung zuläßt, obwohl er Einwände hätte. Ja, es kann sogar vorkommen, daß ein Referent eine Arbeit längere Zeit zurückhält, weil er gerade an ähnlichem arbeitet, und seine Ergebnisse zuerst im Druck sehen möchte.«

HERBERT PIETSCHMANN, Physiker

Manipulierte Daten

Während die Tatsache, daß im Wissenschaftssektor gelegentlich gemogelt oder gefälscht wird, in Insiderkreisen längst bekannt ist, gewinnt diese Erkenntnis nun auch in der Öffentlichkeit vermehrt an Boden.

Ein nicht unwesentlicher Verdienst fällt dabei der Medienszene zu, die ihre anfängliche Scheu vor Kritik am Wissenschaftsbetrieb derzeit ganz offensichtlich abzulegen scheint. So war etwa der 1994 bekanntgewordene Datenwirbel um Guido Zadel, einem Doktoranden an der Rheinischen Friedrich-Wilhelms-Universität in Bonn, der renommierten Zeitung »Die Zeit« einen größeren Artikel wert, obwohl er sich eigentlich nur als weiteres Beispiel in die mittlerweile fast schon ellenlange Liste derartiger Vorfälle einreihte.

Im betreffenden Fall handelte es sich um einen klassischen Datenbetrug. Zadel hatte Laborexperimente so manipuliert, daß die Arbeitsgruppe, in der er tätig war, zum Schluß kommen mußte, es sei ihr gelungen, den Verlauf chemischer Reaktionen mit Hilfe starker Magnetfelder zu steuern. Vom Ergebnis her eigentlich eine großartige Sache, nur daß sie eben leider mit dem Makel behaftet war, auf fiktivem Datenmaterial zu beruhen.

Der Schwindel kam natürlich schnell ans Licht, denn Wissenschaftler anderer Universitäten begannen die Ergebnisse nachzuprüfen. Selbstverständlich ohne Erfolg. Immer neue Zweifel machten die Runde, und auch der Bonner Chemieprofessor Eberhard Breitmaier, Zadels Doktorvater, war inzwischen alarmiert. Zerknirscht mußte er die Manipulationen seines Schützlings der Öffentlichkeit beichten: Die Experimente waren wertlos, die Millionen, die seit der Veröffentlichung in die Weiterentwicklung der Versuche geflossen waren, unwiederbringlich verloren (siehe dazu auch S. 205).

Wenn Forscher pfuschen

Der Grund dafür, daß Wissenschaftler ihre Ergebnisse heute vermehrt manipulieren und fälschen, ist hauptsächlich in der ständig expandierenden Konkurrenzsituation zu suchen. Immer mehr Forscher tummeln sich Tag für Tag auf dem akademischen Schlachtfeld, auf dem Sieg und Niederlage gnadenlos nebeneinander liegen. Stellen sind rar, und Ergebnisse müssen immer schneller erzielt werden.

Kein Wunder, wenn sich selbst das ansonsten so wissenschaftsfreundliche Fernsehen mehr und mehr für Betrügereien innerhalb der Wissenschaftszunft zu interessieren beginnt. Stella-Kathrin Mühlhausen beispielsweise drehte für den Sender Freies Berlin 1992 eine provokative Dokumentation (»Wenn Forscher pfuschen ...«), die in der Folge auf mehreren Kanälen ausgestrahlt wurde. Unter anderem interviewte die Journalistin dafür Professor Peter Weingart, Wissenschaftssoziologe an der Universität Bielefeld, und befragte ihn nach den Hintergründen für den wachsenden Unmut in der Öffentlichkeit.

»Die Wissenschaft reagiert deshalb auf Betrug so sensibel«, erläuterte ihr Weingart, »weil jede einzelne Forscheraktivität auf der Arbeit von anderen beruht und sich auf sie verlassen können muß. Die Gesellschaft bezahlt Wissenschaftler – zumindest diejenigen, die in der Grundlagenforschung beschäftigt sind – und erwartet dafür, kann dafür erwarten, daß sie wahres und gesichertes Wissen erhält. Wenn betrogen wird, dann entfällt die Kontraktgrundlage und damit eben auch die Legitimität von Wissenschaft.«

Ähnlich äußerte sich Dr. John Maddox, Chefredakteur der Zeitschrift »Nature«: »Ich bin jetzt zum zweiten Mal bei ›Nature‹. In meinen ersten sieben Jahren zwischen 1966 und 1973 war Betrug kein Thema. Seit meiner Rückkehr 1980 ist Betrug ein ständiges Problem. Und wir sind verantwortlich dafür, Betrugsfälle aufzudecken. Wir wenden uns zwar an Berufswissenschaftler, aber wir meinen, daß wir darüber informieren müssen, welche Gefahren auftreten, wenn schlampig gearbeitet wird. Ich glaube, daß Betrug auf lange Sicht den Ruf der professionellen Wissenschaft zerstören kann. Und da wir dazu da sind, die Wissenschaft zu verteidigen, ist es unsere Pflicht, Wissenschaftler und den Rest der Welt über Betrugsfälle zu informieren.«

In ihrem Report zeigte Frau Mühlhausen aber auch auf, wie wenig die individuelle Publikationszahl tatsächlich über die intellektuelle Qualität eines Wissenschaftlers aussagt. Professor Burghardt Wittig, er ist Molekularbiologe an der Freien Universität Berlin, erläuterte diesen Umstand anhand einer internationalen Publikationsliste. An erster Stelle wurde dort ein russischer Wissenschaftler mit 950 wissenschaftlichen Arbeiten geführt, was (auf die angegebene Zeitperiode von 1981-1990 umgerechnet) der unglaublichen Leistung von rund einer Publikation alle vier Tage entspricht!

Daß in dieser Rechnung etwas nicht aufgehen kann, ist naheliegend. Des Rätsels Lösung ist freilich simpel, denn für Professoren gehört es heute geradezu zum guten Ton, den eigenen Namen auch dann auf die Publikationen ihrer Mitarbeiter zu setzen, wenn sie selbst kaum etwas mit der Entstehung des betreffenden Papiers zu tun haben. Nicht verwunderlich, wenn in der fraglichen Liste der erste Nobelpreisträger gerade mal an achtzehnter Stelle auftaucht!

Auch Autoritäten mogeln gelegentlich

Datenklitterung ist kein neues Problem. Bereits der berühmte Bakteriologe Louis Pasteur (1822-1895) soll sich, nach Angaben des Wissenschaftshistorikers G. Geison von der Princeton University in New Jersey, »oft nicht an die wissenschaftlichen und ethischen Normen gehalten haben«, die er selbst in seinen publizierten Arbeiten so gerne vertrat. Offensichtlich gab der Franzose erfolgreiche Behandlungsmethoden unberechtigterweise als seine eigenen aus, ohne den wirklichen Urheber zu nennen.

Ein regelrechtes Paradebeispiel für Betrug innerhalb der Wissenschaft stellt der Fall von Sir Cyril Burt dar. Bis zu seinem Tod im Jahre 1971 galt Burt als einer der bedeutendsten Psychologen Englands. Nach allgemeiner Auffassung war ihm der Nachweis geglückt, daß Neugeborene den Hauptteil ihrer Intelligenz von den Eltern vererbt bekommen. Nur ein klitzekleiner Teil davon – so Burt – sei erziehungsbedingt zu erklären.

Burts Ergebnisse hatten entscheidenden Einfluß auf die Erziehungsmethoden in England und den USA, und so wurde er für seine intellektuellen Verdienste sogar in den Adelstand erhoben. Außerdem hatte der Engländer bis zu seiner Pensionierung im Jahre 1963 den angesehenen Lehrstuhl für Psychologie am University College in London inne.

Als sich Professor Leslie Hearnshaw von der Universität Liverpool, ursprünglich ein Bewunderer Burts, indessen daran machte, Material für eine umfangreiche Biographie über das Leben des berühmten Wissenschaftlers zu sichten, stieß er in dessen Arbeiten auf beträchtliche Ungereimtheiten. Hearnshaw schwante Schlimmes. Und tatsächlich entdeckte er im Nachlaß Burts eindeutige Hinweise dafür, daß dieser bei seinem »wissenschaftlich geführten Nachweis« in Sachen Intelligenzvererbung offensichtlich mit einer ganzen Reihe manipulierter Daten operiert hatte. Selbst autobiographische Passagen, in denen der Engländer seine Mogeleien explizit dargelegt hatte, fand Hearnshaw in Burts Tagebüchern.

Im weiteren deckte Hearnshaw auf, daß zwei angebliche Mitarbeiterinnen Burts, M. Howard und J. Conway, nur auf dem Papier existierten. Im Rahmen verschiedener Artikel und Rezensionen in seiner Fachzeitschrift »Journal of Statistical Psychology« schwang Burt unter diesen beiden Pseudonymen regelrechte Lobeshymnen auf seine Veröffentlichungen oder ließ die beiden fiktiven Damen resolut Stellung gegen seine Kritiker beziehen. Der englische Psychologe schreckte nicht einmal davor zurück, unter fremdem Namen kritische Leserbriefe zu fälschen, um diese in seiner Funktion als Herausgeber anschließend eigenhändig zu entkräften.

Hearnshaws alternative Biographie erschien im Jahre 1979. Exakt zehn Jahre später machte unter dem Titel »The Burt Affair« ein weiteres Werk von sich reden. Verfaßt hatte es der Psychologe und Burt-Anhänger Robert B. Joynson, der Hearnshaws Vorwürfen mit verschiedenen Gegenargumenten entgegentreten wollte. Den orthodox gesinnten Wissenschaftsanhängern war das nur zu recht, sie durften vorerst aufatmen.

»Einer der spektakulärsten Skandale in der Wissenschaftsgeschichte scheint sich in Luft aufzulösen«, frohlockte die »Frankfurter Allgemeine Zeitung« am 13. Juni 1990. Der Vorwurf der Datenfälschung, der mit phänomenaler Durchschlagskraft gegen Sir Cyril Burt erhoben worden sei, entbehre jeglicher Grundlage. Dennoch werde der Fall bedauerlicherweise noch heute »in jedem größeren Konversationslexikon, aber auch in den Lehrbüchern der Psychologie und Verhaltensgenetik als eines der spektakulärsten Beispiele von wissenschaftlichem Betrug geführt«.

Tatsächlich aber hat sich am eigentlichen Tatbestand bis heute nichts geändert. »Im allgemeinen reagierte man auf das Buch mit Verblüffung«, bringt Federico Di Trocchio, Professor für Wissenschaftsgeschichte an der Universität Lecce, die Reaktionen seiner Kollegen auf den Punkt. »Der Autor (...) antwortet nämlich nicht direkt auf die Anschuldigungen Hearnshaws, sondern versucht lediglich, sie zu entkräften, indem er die Glaubwürdigkeit seiner Informationsquellen leugnet. Ist eine Anschuldigung aber gut belegt, greift Joynson zu allen möglichen Ausflüchten und betreibt Augenwischerei.«

Für Di Trocchio und die meisten seiner Kollegen bleibt Burt auch nach Joynsons publizistischem Gegenschlag ein Betrüger übler Sorte. Der Italiener trocken: »Überzeugt hat Joynsons Argumentation als einzigen Arthur Jensen, der Burt bewundert und seine Theorie von der Vererbung der Intelligenz übernommen hat.«

Wer begutachtet die Gutachter?

Das heutige Problem liegt nicht darin, daß gefälscht wird (schließlich ist jegliche Forschung seit jeher eng mit dem Individuum Mensch und all dessen positiven und negativen Seiten verbunden), es ist vielmehr der Anstieg und der damit verbundene Kontrollverlust derartiger Manipulationen, der verschiedenen Wissenschaftlern schwer im Magen liegt, ganz zu schweigen vom daraus resultierenden finanziellen und intellektuellen Schaden. Außerdem hat die Sache auch einen politischen Aspekt: Immer häufiger werden Wissenschaftler und ihre Gutachten zu politischen Zwecken mißbraucht, andere für ihre manipulierten Ergebnisse gar fürstlich entlohnt.

Beinahe schon als berühmt-berüchtigt zu bezeichnen sind in diesem Zusammenhang Professor Gerhard Lehnert und Professor Gerhard Triebig, Leiter der Institute für Arbeits- und Sozialmedizin in Erlangen und Heidelberg, die Berufsgenossenschaften mit geschickt manipulierten Gesundheitsgutachten bereits verschiedentlich davor bewahrten, berufsbedingt Geschädigten die ihnen zustehenden Schadensersatzsummen auszuzahlen. Die beiden Professoren verfälschten Zitate aus der Fachliteratur mit sprachlichen Tricks jeweils derart geschickt zugunsten ihrer Auftraggeber, daß selbst ihre Kollegen einiges an Zeit aufwenden mußten, um die Manipulationen offenzulegen.

Endgültig dürften derlei Machenschaften wohl nie aus der Welt geschafft werden können, denn es ist ein altes Geheimnis, daß Gutachterstudien bei geschickter Vorgehensweise meistens das Resultat hervorbringen, das vom Auftraggeber gewünscht wird. Selbst Hans-Rudolf Bircher, Verwaltungsratspräsident der Firma Lever, welche das Waschmittel »Omo« herstellt und vertreibt, räumte dies 1994 in einem Interview freizügig ein. Sein trockener Kommentar zur Aufdeckung von Testmanipulationen in der Waschmittelbranche: »Sie können mit jedem Test belegen, was sie wollen.«

. Vorausgegangen war dem Zugeständnis ein Bericht des Schweizer Fernsehmagazins »Kassensturz«, dessen Macher die Manipulationsmethoden bei »Omo«-Tests schonungslos offengelegt hatten. So hatte sich herausgestellt, daß Lever die Testbedingungen selbst festgelegt hatte: Die Auswahl der Testwäsche war ebenso selektiv wie die Auswahl der Flecken. Um das Gewebe zu schonen, achtete Lever penibel darauf, daß beim Test 20 Prozent weniger Pulver Verwendung fand als auf der Packung empfohlen war. Die Firma verzichtete sogar darauf, die Wäsche nach den einzelnen Waschgängen zu tumblern.

Die Fachwelt schweigt

Viele Akademiker scheuen sich davor, offene Kritik an den schwarzen Schafen ihrer Zunft zu üben, da sie durch ihre eigene Position im Wissenschaftsgebäude befangen sind. Selbst Hinweise oder Warnungen bezüglich der Problematik unbewußter Manipulationen finden wir in den Fachzeitschriften kaum. Längst haben die Journalisten auch hier das Heft in die Hand genommen.

So kommt etwa die Autorin Antje Bultmann zum Schluß, daß auch bei Wissenschaftlern der Wunsch oft der Vater des Gedankens ist: »Ein Assistent will seinen Doktorvater nicht vergrämen und schließt sich dessen Meinung an. Ein Wissenschaftler bangt um seinen Arbeitsplatz. Einem anderen fehlt die Zeit, die Fachliteratur zu lesen.«

Ein weiterer Grund dafür, daß Gutachter zu falschen Ergebnissen kommen, liege darin, daß Sachverständige mitunter auf eigene Untersuchungen verzichten und unbesehen auf die herrschende Meinung bauen würden. Aber auch der Geldfaktor, so Bultmann weiter, dürfe nicht unterschätzt werden: »Ein Experte, der sich zu weit aus dem Fenster lehnt und eine Meinung vertritt, die dem Geldgeber nicht paßt, muß fürchten, daß ihm die Gelder entzogen werden.«

Da den zuständigen Richtern die zeitlichen, finanziellen und fachlichen Voraussetzungen, um eingereichte Gutachten auf Herz und Nieren zu prüfen, oft fehlen, genießen wissenschaftliche Gestalten wie die erwähnten Lehnert oder Triebig oft Narrenfreiheit. Denn obwohl ihr Treiben inzwischen hinlänglich dokumentiert werden kann, ist es eine offene Frage, wie sich Datenklitterung rechtlich angehen läßt.

Von Titelhändlern und falschen Doktoren

Auch die Titelhändler haben die Zeichen der Zeit erkannt. Ihr Geschäft blüht wie nie zuvor. So lebt in Hamburg ein gewisser Paul Jensen, seines Zeichens Doktor der Theologie, der sogenannte »Promotionsberatung« betreibt. Im Klartext: Jensen vermittelt Interessenten gegen eine finanzielle Gegenleistung von rund 25 000 Mark Doktorväter! Bei Interesse liefert er für denselben Preis gleich die fertige Dissertation hinterher.

Selbstverständlich wissen die betroffenen Professoren in den meisten Fällen von dem Kuhhandel, halten aber hermetisch dicht, da ihnen die Sache erstens ihren wissenschaftlichen Ruf rauben könnte und sie in zweiter Linie finanziell am Deal beteiligt sind. Rund ein halbes Dutzend Professoren deutscher Universitäten will Jensen inzwischen unter seinen Fittichen haben.

Der Wissenschaftsjournalist Peter Hofer spricht von rund 25 Millionen Mark, die auf derartige Art und Weise jährlich umgesetzt werden. Eine erschreckende Summe, von der die deutschen Universitäten freilich nichts wissen wollen. 140 Dekanate winkten 1993 auf Anfrage der Zeitschrift »Bild der Wissenschaft« ab. Von Sätzen wie »Bei uns kein Problem!« bis zu »Bei uns nicht bekannt!« bekamen die verantwortlichen Redakteure so ziemlich alle Phrasen zu hören. Zumindest zur Kenntnis genommen hat das Problem dagegen Professor Hans Uwe Erichsen, Jurist und Präsident der Deutschen Hochschulrektorenkonferenz, der von einem »besorgniserregenden Ausmaß« derartiger Betrügereien spricht.

Besorgniserregend ist die Situation in der Tat, denn Jensen ist nicht der einzige, der behauptet, Deals mit anerkannten Professoren einfädeln zu können. Da versichert etwa ein gewisser Peter Knolle in Wiesbaden auf Anfrage, beste Kontakte zu Professoren verschiedener Disziplinen an den Universitäten Kiel, Greifswald, Dresden oder Regensburg zu pflegen. Nach rund zwei Jahren sei die Sache nach Absolvierung einer mündlichen Prüfung zum Thema ausgestanden. Preis inklusive fertiger Doktorarbeit: zwischen 50 000 und 60 000 Mark.

Konrad Sameth in Berlin wiederum nimmt seinen Titelinteressenten für die Vermittlung eines Professors, die Erstellung einer geeigneten Arbeit sowie einigen anderen Leistungen rund 75 000 Mark ab. Zeitlicher Aufwand für den »Doktoranden«: ebenfalls zwei Jahre.

100 Millionen Mark Umsatz pro Jahr

Dem Titelhandel den Kampf angesagt hat der Wirtschaftsjournalist Horst Biallo. Unter dem Titel »Die Doktormacher« legte Biallo 1994 schonungslos die Hintergründe offen, wie potentielle Interessenten heute für gutes Geld an einen falschen, aber auch an einen offiziell anerkannten Doktor- oder Professorentitel gelangen können.

Als Interessent getarnt setzte er sich mit zahlreichen »Promotionsberatern« in Verbindung, spürte ihre Kontakte und Angebote auf. Mittlerweile ist er sich sicher, »daß manche Professoren heute gar nicht wissen oder wissen wollen, daß der externe Doktorand Geld an einen Promotionsberater bezahlt, der dafür einen Teil oder sogar die ganze Dissertation mitliefert. Sie freuen sich über die wissenschaftliche Arbeit. Die können sie nämlich unter Umständen für ihre eigenen Forschungsvorhaben nutzen. Sie fragen gar nicht, aus welcher Feder sie stammt.«

Biallo spricht bereits von 100 Millionen Mark, die in diesem Sektor alleine in der Bundesrepublik jährlich umgesetzt würden. Generell sei eine eindeutige Tendenz »weg vom Kauf ausländischer akademischer Grade hin zu deutschen Titeln« spürbar. Die Tricks, mit denen Behörden und Firmen auf Umwegen Träger falsch erworbener Titel untergejubelt werden können, seien beunruhigend einfach. Bleibt zu hoffen, daß die zuständigen Stellen nach der Publikation Biallos nicht mehr länger zögern, die notwendigen Schritte einleiten und dem blühenden Titelmarkt endlich einen juristischen Riegel vorschieben.

2

Ein neuer Anfang

Gedanken zur Wissenschaft von morgen

> »Wer die Vergangenheit nicht kennt, wird die
> Zukunft nicht in den Griff bekommen.«
>
> GOLO MANN, Historiker

Fähigkeit zur Einsicht

Verschiedene Denker haben sich bereits eine Menge kluger Gedanken gemacht, wie die Wissenschaft aus ihrer Krise finden könnte. In die Tat umgesetzt wurden ihre Überlegungen bisher kaum, denn eine grundlegende Umstrukturierung des wissenschaftlichen Systems scheint aufgrund dessen ständig anwachsender Größe nahezu unmöglich geworden zu sein.

»Das System hat selbst alle Löcher gestopft, durch die sich eine Reform einschleichen könnte«, stellt der Wissenschaftskritiker Gerald Dittel 1995 in der Zeitschrift »Raum und Zeit« treffend fest und weist darauf hin, daß eine Reform von »oben« sowieso nicht zu erwarten sei, »weil ›oben‹ ja deswegen oben ist, weil das System so ist, wie es ist«.

Mehr denn je krankt die wissenschaftliche Welt an Leuten, die sich zu ernst nehmen. Der Glaube an die Unfehlbarkeit der eigenen Disziplin zieht sich quer durch alle Fakultäten.

Voraussetzung für jedwelche Maßnahme muß daher in erster Linie die individuelle Fähigkeit zur Einsicht bilden. Bereits Sir Karl Popper, der berühmte Philosoph, gab dies in einer Rede, die am 28. Juli 1982 im österreichischen Fernsehen (ORF 2) ausgestrahlt wurde, zu bedenken: »Der alte Imperativ für den Intellektuellen ist: Sei eine Autorität. Wisse alles in deinem Gebiet. Wenn du einmal als Autorität anerkannt bist, dann wird deine Autorität auch von deinen Kollegen beschützt werden, und du mußt natürlich deinerseits die Autorität deiner Kollegen beschützen. Ich brauche kaum zu betonen, daß diese alte, professionelle Ethik immer schon intellektuell unredlich war. Sie führt zum Vertuschen der Fehler um der Autorität willen.«

Popper geht aber noch einen Schritt weiter, wenn er festhält, daß selbst in den besten und bewährtesten wissenschaftlichen Theorien Fehler verborgen seien. Diese gelte es zu eruieren. Die Feststellung, daß eine gut bewährte Theorie oder ein häufig angewandtes praktisches Verfahren möglicherweise fehlerhaft ist, bezeichnet der österreichische Philosoph als »wichtige Entdeckung«.

Es sei unabdingbar, daß der Wissenschaftler die Einstellung zu seinen Fehlern ändere, und diese nicht wie bisher zu vertuschen, zu verheimlichen oder zu vergessen versuche. »Das neue Grundgesetz ist, daß wir – um Fehler möglichst zu vermeiden – gerade von unseren Fehlern lernen müssen. Wir müssen uns klarwerden, daß wir andere Menschen zur Entdeckung und Korrektur von Fehlern brauchen und sie uns. Insbesondere auch Menschen, die mit anderen Ideen in einer anderen Atmosphäre aufgewachsen sind.«

Poppers Zunftgenosse, der Philosoph Paul Feyerabend, hat sich ebenfalls Gedanken über die Vorgehensweise im Wissenschaftsbetrieb gemacht. Seiner Meinung nach kann eine wissenschaftliche Untersuchung von

Ideen, Prozeduren und Standpunkten nicht darin bestehen, daß man diese Dinge mit den Methoden, Tatsachen und Theorien der angemessenen wissenschaftlichen Disziplin vergleicht und sie verwirft, wenn sie nicht in diesen Rahmen passen. Denn: »Ein solches Verfahren ist nicht nur naiv, sondern es widerspricht auch dem, was wir von wichtigen Episoden in der Geschichte der wissenschaftlichen Forschung wissen.«

Eine richtige wissenschaftliche Untersuchung könne, so Feyerabend, nur in dem Versuch bestehen, die Wissenschaft derart umzustrukturieren, daß sie das zweifelhafte Material beherbergen kann, sowie in der Bewertung der Schwierigkeiten, die den Versuch begleiten. »Selbst die hoffnungsloseste Idee kann sich am Ende in ein grundlegendes wissenschaftliches Prinzip verwandeln, selbst das grundlegendste Prinzip kann sich als ein dummer Irrtum herausstellen, Und vergessen wir nicht, daß die Maßstäbe, aufgrund derer wir das alles beurteilen, genauso beweglich sind, wie die beurteilten Leistungen.«

Konsequenzen ziehen

Wir haben gesehen, daß der Wissenschaftsbetrieb in den letzten Jahrhunderten eine ganze Reihe verkannter Genies hervorbrachte. Erschreckend ist dabei weniger die Feststellung, daß dies überhaupt möglich war, sondern vielmehr die Tatsache, daß sich Fälle dieser Art bis heute wiederholen, ja sogar häufen: Wohl noch nie erschwerten Vorurteile und pauschale Verurteilungen die objektive Überprüfung kontroverser Sachverhalte stärker als heute. In einer Zeit, in der Umweltverschmutzung und atomare Gefahren bedrohliche Ausmaße angenommen haben, grenzt dieses Verhalten an grobe Fahrlässigkeit. Können wir es uns wirklich noch leisten, den Fortschritt weiterhin durch unsere ständige Zweiflerei zu behindern?

Es scheint mir höchste Zeit, die wissenschaftliche Ausbildung grundlegend zu überdenken: Fächer wie Wissenschaftsgeschichte oder Wissenschaftssoziologie sollten unverzüglich als obligatorische Ergänzung herkömmlicher Lehrpläne eingeführt werden, denn Gedanken wie sie Popper oder Feyerabend formuliert haben, gehören den Studenten bereits auf ihrem Weg in die Scientific Community mitgegeben. Maßnahmen dieser Art könnten zumindest dazu beitragen, der heranwachsenden Generation die Augen zu öffnen und ihr aufzeigen, wie fahrlässig ihre Vorgänger bisweilen mit unkonventionellem Gedankengut umgingen.

Gleichzeitig gilt es aber auch die Begeisterungsfähigkeit für neue Wege zu fördern, um damit ein neues Verantwortungsbewußtsein gegenüber der wachsenden Informationsflut zu wecken. Die folgenden Worte von Altbundespräsident Roman Herzog – er formulierte sie anläßlich eines akademischen Festakts der Universität Potsdam am 7. Juni 1994 – treffen den Nagel auf den Kopf:

»Gewiß kommt auch mir nicht alles weiterführend vor, was mir heute an Diplomarbeiten, Dissertationen und Habilitationsschriften auf den Tisch kommt. Aber die Gefahr ist doch nicht zu leugnen, daß sich gerade das Bahnbrechende, das Zukunftsweisende zunächst nicht durchsetzt, weil es nicht in die vorgestanzten Schubladen paßt. (...) Etwas Geld muß auch für die sogenannten Orchideenfächer und für die leicht als ›Spinner‹ abqualifizierten Außenseiter vorhanden sein. Man weiß nie, ob nicht gerade einer von ihnen es ist, der die geistige Entwicklung voranbringt, und noch weniger weiß man, ob nicht gerade aus seiner Arbeit dereinst das entspringt, was man so schön und obenhin als wirtschaftlichen und gesellschaftlichen Nutzen bezeichnet (...). Ich mißtraue zutiefst jenen herrschenden Lehren, ohne die die Außenseiter gar keine Außenseiter wären (...). Irgendwo muß jemand sitzen, der darauf achtet, daß (...) die Außenseiter nicht restlos unter den Tisch gebügelt werden – auch wenn der Nutzen ihrer Arbeit nicht auf den ersten Blick erkennbar und berechenbar ist.«

Fazit: Nur, wenn wir uns in Zukunft regelmäßig vom intellektuellen Ballast befreien, der sich in unseren Köpfen anstaut, bleiben wir aufnahmefähig. Tun wir dies nicht, dann wird auch diese Generation unweigerlich dieselben Fehler begehen, die wir unseren Vorgängern heute vorwerfen. Und das wäre in der jetzigen Zeit, in der wir mehr denn je auf unkonventionelle Ideen angewiesen sind, nun wahrlich fatal.

»Stellungnahme der Rechtsanwälte
des Herrn Dr. Guido Zadel für diesen:

Herr Dr. Zadel bestreitet, die Wissenschaft und die Öffentlichkeit getäuscht zu haben, und hat dies in einer
Presseerklärung vom 12.03.1996 öffentlich geäußert. Vor-
her hat er bewußt zu den Vorwürfen öffentlich nicht Stellung genommen, um sich in dem wegen der Vorwürfe an-
hängigen Verwaltungsverfahren angemessen verteidigen
zu können. Während dieses Verfahrens hat er einen no-
tariell beaufsichtigten Versuch von einer unabhängigen
Chemikerin durchführen lassen, dessen Ergebnisse von
zwei renommierten Instituten vermessen worden sind.
Der Versuch ist in jeder Hinsicht erfolgreich verlaufen.
Manipulationen waren durch die gewählte Versuchsanordnung sowie die Untersuchung versiegelter Proben der
gewonnenen Produkte und Ausgangschemikalien sowie
die Anwesenheit mehrerer Zeugen und eines Sachverständigen ausgeschlossen.

Herr Dr. Zadel hat gegen den Dekan der Mathema-
tisch-Naturwissenschaftlichen Fakultät der Universität
Bonn Klage erhoben und wird in diesem Rechtsstreit
nachweisen, daß im Bereich des Institutes seines Doktor-
vaters von Dritten Fälschungen von Experimenten vorgenommen worden sind, die bis heute vom beklagten
Dekan zum Nachweis angeblicher Fälschungen des
Herrn Dr. Zadel verwendet werden. Dem Dekan sind
diese Beweismittel bereits mindestens 1 1/2 Jahre bekannt.«

ANHANG

Dokumente

1 Umstrittene Stellungnahme von Dr. Cornelius Pilgrim hinsichtlich der sensationellen Entdeckung des Münchner Ingenieurs Rudolf Gantenbrink in der Cheops-Pyramide.

2 Während Rudolf Gantenbrink vom Ägyptologen Professor Rainer Stadelmann kaltgestellt wird, betreibt die kanadische Firma Amtex als Nachfolgerin Gantenbrinks bereits eifrig Öffentlichkeitsarbeit ...

3 Die Flugpioniere Wilbur und Orville Wright wurden jahrelang diskreditiert. Selbst die renommierte Zeitschrift »Scientific American« zog die 1903 stattgefundenen, motorisierten Flüge der beiden Brüder noch in ihrer Ausgabe vom 13. Januar 1906 stark in Zweifel.

4 Gelang dem deutschen Auswanderer Gustav Weißkopf bereits vor den Gebrüdern Wright ein motorisierter Flug? Die eidesstattliche Aussage von Anton Pruckner scheint dies zu belegen.

5 Der Vertrag, der die Übergabe des Wright-Flyers an das Smithsonian regelt. Besonders die Passage 2d, die es dem Smithsonian untersagt, irgendwelche Aktivitäten zugunsten Weißkopfs oder anderen Flugpionieren zu unterstützen, ist wissenschaftshistorisch gesehen mehr als fragwürdig.

6 Seit vielen Jahren wird der Erfinder Richard Vetter von Behörden und Prüfstellen schikaniert. Aktuellstes Beispiel: die umstrittenen Veröffentlichungen der Stiftung Warentest.

7 Seltsame Informationspolitik des Umweltbundesamts in Berlin: »Der Heizkessel von Herrn Vetter ist uns nicht bekannt.« 1985 hatte dieselbe Stelle die Effizienz des Ofens stark in Zweifel gezogen.

8 Nicht patentierbar sind »Konstruktionen und Verfahren, die den Naturgesetzen widersprechen«, wie das Deutsche Patentamt in seinem aktuellen Merkblatt festhält.

DEUTSCHES ARCHÄOLOGISCHES INSTITUT KAIRO
GERMAN INSTITUTE OF ARCHAEOLOGY CAIRO

Herrn
Luc Bürgin
CH - 4056 Basel
Fax: 0041-61-3228195

KAIRO - ZAMALEK
31, SHARIA ABU EL-FEDA
TEL: 002(02-340 14 60, 340 23 21
FAX: 3420770, TELEGR. DAINST CAIRO

POSTANSCHRIFT:
DEUTSCHE BOTSCHAFT KAIRO - DAI
POSTFACH 1148, 5300 BONN 1

Dr. Cornelius von Pilgrim

Kairo, den 01. 9. 94

Betr.: Cheopspyramide - Fax v. 30. 08.

Sehr geehrter Herr Bürgin,

in Vertretung von Herrn Prof. Stadelmann, der sich noch bis Oktober im Urlaub befindet, erlaube ich mir Ihnen auf Ihre Fragen eine kurze Antwort zu geben.

Die angesprochenen, früher fälschlicherweise als Luftkanäle bezeichneten, "Schächte" haben zweifellos einen symbolischen Hintergrund. Es handelt sich tatsächlich um Modellkorridore für den toten König, durch die er direkt und ohne zuerst den absteigenden Korridor benutzen zu müssen, zum Himmel aufsteigen konnte. Sie waren an beiden Enden blockiert und mithin weder von der Grabkammer noch von außen sichtbar.

Bei dem mit Hilfe des von Herrn Gantenbrink entwickelten Roboters entdeckten Stein am Ende des südlichen Korridores handelt es sich um die beim Bau der Pyramide vorgenommene Blockierung. Es ist keinesfalls eine "Tür", die sich bewegen ließ(e), sondern ein Fallstein, der beim Bau eingelassen wurde und vom Kernmauerwerk überlagert ist. Es ist ausgeschlossen, daß sich dahinter eine Kammer befindet. So wurden die Arbeiten auch nicht vom Ägyptischen Antikendienst "in letzter Minute" unterbunden, sondern die angestrebte Untersuchung der Korridore und ihre Vermessung war mit Erreichen des Schlußsteines beendet.

Weitere "Rätsel" birgt die Cheopspyramide nur noch für die große Schar der "Pyramidenmystiker". Weitere Grabkammern oder gar Schatzkammern sind jedoch aus wissenschaftlichen Gründen mit Sicherheit auszuschließen und eine Spekulation in dieser Hinsicht diente nur unwissenschaftlicher Sensationsmache.

1

Von einer neuen C-14 Datierung der ETH ist mir persönlich nichts bekannt. Ohne weitere
Kenntnis, auf was für Proben sich die Untersuchung gründet, kann ich dazu auch keine
Einschätzung geben. C-14 Datierungen müssen jedoch grundsätzlich sehr vorsichtig
interpretiert werden, da die notwendige Kalibrierung der Daten in Ägypten noch problematisch
ist.

Ich hoffe, Ihnen mit diesen kurzen Anmerkungen weitergeholfen zu haben. Für weitere
Informationen zum kulturgeschichtlichen Kontext der Pyramiden steht Ihnen sicher auch das
Ägyptologische Institut in Basel hilfreich zur Seite.

Mit freundlichen Grüßen

(Dr. Cornelius von Pilgrim)

1

R.R. #2, Hwy. 2 West
Belleville, ON   K8N 5J3 Canada

Fax Cover Sheet

DATE:	August 22, 1995	**TIME:**	2:01 PM
TO:	Mr. Luc Bürgin	**PHONE:**	
		FAX:	011-61-322-8195
FROM:	Peter Zuuring	**PHONE:**	(613) 967-7900
	Amtex Software Corp.	**FAX:**	(613) 967-7902
RE:	Projects In Egypt		

Mr. Bürgin:

Thank you for your recent fax and your interest in our company. I am happy to provide
you with the following information concerning the two projects in Egypt.

We are currently working on a joint project with the Egypt Department of Antiquities and the
German Institute to further explore the North Channel of the Queen's Chamber. As far as
the South Channel is concerned, we must determine if the portcullis is indeed what it appears
to be. Can it be lifted? Etc...Our intention would be to open the chamber, live.

There are two other projects that Amtex is working on which are:

1. **Egypt Visitation:** This full movement multi-media CD-ROM would allow the user to visit
   in and around the pyramid and view everything in full detail using their PC. This product
   will incorporate sound, video, 3D rendering and simulation.

2. **Interactive Entertainment:** This product is a full length role playing game for the PC
   which is set in Giza. The player finds himself caught up in a fast moving mystery that
   will not in the least attempt to reproduce the emotions in book reading and film watching
   - action, drama, adventure and suspense.

   The character becomes embroiled in a secret as significant as the pyramids themselves
   and in the end finds "happiness and immortality".

These projects are being sponsored by another large Canadian software company, Corel
Corporation.

Again, we thank you for your interest in our firm.

Sincerely,

Peter Zuuring
President
Amtex Software Corporation

2

The Wright Aeroplane and Its Fabled Performances.

A Parisian automobile paper recently published a
letter from the Wright brothers to Capt. Ferber of the
French army in which statements are made that certainly need some public substantiation from the Wright
brothers. In the letter in question it is alleged that
on September 26 the Wright motor-driven aeroplane
covered a distance of 17.961 kilometers in 18 minutes
and 9 seconds, and that its further progress was stopped
by lack of gasoline. On September 28 a distance of
19.57 kilometers was covered in 19 minutes and 55 seconds, the gasoline supply again having been exhausted.
On September 30 the machine traveled 16 kilometers in
17 minutes and 15 seconds; this time a hot bearing
prevented further remarkable progress. Then came
some eye-opening records. Here they are:

October 3: 24.535 kilometers in 25 minutes and 5
seconds. (Cause of stoppage, hot bearing.)

October 4: 33.455 kilometers in 33 minutes and 17
seconds. (Cause of stoppage, hot bearing.)

October 5: 38.956 kilometers in 33 minutes and 3
seconds. (Cause of stoppage, exhaustion of gasoline
supply.)

It seems that these alleged experiments were made
at Dayton, Ohio, a fairly large town, and that the
newspapers of the United States, alert as they are,
allowed these sensational performances to escape their
notice. When it is considered that Langley never even
successfully launched his man-carrying machine, that
Langley's experimental model never flew more than a
mile, and that Wright's mysterious aeroplane covered a
reputed distance of 38 kilometers at the rate of one
kilometer a minute, we have the right to exact further
information before we place reliance on these French
reports. Unfortunately, the Wright brothers are hard-
ly disposed to publish any substantiation or to make
public experiments, for reasons best known to themselves. If such sensational and tremendously impor-
tant experiments are being conducted in a not very re-
mote part of the country, on a subject in which almost
everybody feels the most profound interest, is it possi-
ble to believe that the enterprising American reporter,
who, it is well known, comes down the chimney when
the door is locked in his face—even if he has to scale
a fifteen-story sky-scraper to do so—would not have
ascertained all about them and published them broad-
cast long ago? Why particularly, as is further alleged,
should the Wrights desire to sell their invention to the
French government for a "million" francs? Surely
their own is the first to which they would be likely
to apply.

We certainly want more light on the subject.

———◆◆◆———

AUTOMOBILE SHOCK-ABSORBERS.

Devices for easing the shock to the springs and

AFFIDAVIT

DATE <u>Oct. 30, 1964</u>

I, ANTON PRUCKNER, living at 561 Morehouse Highway, Fairfield, Connecticut, do hereby declare under oath, that I personally was acquainted with the late Gustave Whitehead and worked in his employ for a number of years, both part and full time. We worked in the construction of heavier-than-air type craft, and I also aided him in the construction of aircraft engines of many types which were of his design and were used in connection with his experiments of powered flight.

I was born in Hungary and came to the United States at the age of 17, in the year 1900. My schooling consisted of two years highschool which was all that was required. Then you would go to school for engineering. I spent two years in engineering school (mechanical). During those entire four years I had to serve my apprenticeship in a factory-training school as a machinist. I graduated from that school as a journeyman machinist. Had I completed two more years of engineering, I would have received my diploma as an engineer. Instead, I chose to come to America. I did receive a diploma for the apprentice work of machinist and I have submitted this document along with a copy of my birth certificate for your files at CAHA. I was fully qualified when I arrived in the United States to work on mechanical machinery of all types. I can swear to the fact that Gustave Whitehead was an excellent mechanic and was an expert in designing new type engines and other ingenious items necessary for the building of his aircraft. He would often times just make a sketch on a board or in the dirt for what we would be making. Seldom did he draw plans on paper in any great detail. It was mostly trial and error.

I lived across the street from the shop which Whitehead used while he experimented at 241 Pine Street. I was curious to find out what he was making and speaking a little German, I found he was trying to build a machine that would fly in the air. I immediately went to work with him when he asked if I would like to help. Always wanting to learn something new, this talk of flying made me interested.

At this time I wish to declare that certain parts of an affidavit made by me on July 16, 1934 and which was published in Lost Flights of Gustave Whitehead (written by Miss Stella Randolph and published by PLACES, INC., in 1937) referring to the 7-mile flight over Long Island Sound was confusing. I have had a fully detailed description of what that statement claimed explained to me during the period of the many interviews made in this new research. I see now where I did not fully understand the references made to flights made over Long Island Sound. It was not intended to mean in any statement that I saw the 7-mile flight take place. What I thought that statement said was I <u>knew</u> that the flight took place because of talk by those who had seen it and because Whitehead, himself, told me he made it. When I spoke of a flight that I witnessed, it did not happen at Lordship. We made many flights over Long Island Sound at Seaside Park in Bridgeport.

4

When I arrived back from Elizabethport, N. J., where I worked for a
short time, I heard about the long 7-mile flight over the water. I
believe Whitehead made that flight, as his aircraft did fly well and
with the bigger engine we had built, the plane was capable of such a
flight. Whitehead was of fine moral character, and never in all the
long time I was associated with him or knew him did he ever appear to
exaggerate. I have never known him to lie; he was a very truthful man.
I believed him then when he said he flew, and I still believe he did
what he said. I have no reason to believe otherwise. I saw his aircraft fly on many occasions and I see no need to disbelieve this particu-
lar event.

The aircraft had two engines, one for the power of the propellors and
the other for powering the wheels on the body of the plane. With the
wings folded back, we would run along the streets on the way to the
testing area with that power. It was also used when taking off for
flights. Once in the air, that engine was shut off.

I did witness and was present at the time of the August 14, 1901 flight.
The flight was about 1/2 mile in distance overall and about 50 feet or
so in the air. The plane circled a little to one side and landed easily
with no damage to it or the engine or the occupant who was Gustave
Whitehead.

We made many aircraft engines; gun-powder, kerosene, and gasoline. I
can recall very little at this late date about the engine referred to
as calcium carbide. The first gasoline engine being constructed by
Whitehead was a two-cylinder one, which ran nicely. There was no car-
buretor: the ignition system was the "make and break" type. Next
Whitehead and I made a three-cylinder engine with an unusual air-cooling
device, using loops of copper wire wrapped about the cylinder wall.
You have a photo of this engine. No welding was done. Only a blacksmith
could weld at that time, and he could not do this on a cylinder. Whitehead
tried many types of engines in airplanes including the three-cylinder
engine, but one which was most successful was the four-cylinder design.

We used to take the craft known as #21 but unlike #21 it had only a
single propellor at the time. The rest of the aircraft was the same.
(I would call this airplane #20). This craft was flown many times in
distances of 150 to 300 feet out over the waters at Seaside Park in
Bridgeport, Conn. (I have located the area with a visit to that site
with Capt. O'Dwyer, to the best of my ability and recollection). We
would start on the hard-packed ground which was sandy and the craft
would rise in the air about five feet or more and continue on a straight
course out to the water and land in the shallow part of the water..
This was done in order to avoid any hard landings on the ground which
could possibly damage the aircraft. This was in the year of 1900 and
the early part of 1901.

4

I understand Capt. O'Dwyer plans to build a reproduction model of his (G₂ Wis) #21 aircraft. All I can say is hang on well, because it is going to go up. You must do this to find out if it will leave the ground! I am not in the need of this type of proof, I saw it fly back in 1900 and 1901. You will see what I mean.

I think the work you people have done is a wonderful thing. I just wish poor old "Gus" could have been recognized before this. He was a very smart man and a good man. I would say he was a genius without any doubt.

I can also remember very clearly when the Wright brothers visited at Whitehead's shop here in Bridgeport before 1903. I was present and saw them myself. I know this to be true, because they introduced themselves to me at the time. In no way am I confused, as some people have felt, with the Wittemann brothers who came here after 1906. I knew Charles Wittemann well. The Wright's left here with a great deal of information and ██

I hereby swear that all the foregoing statements were made by me during various interviews with Capt. O'Dwyer and others of the Connecticut Aeronautical Historical Association: Harvey Lippincott, Alex Gardner, and Harold Dolan.

All of this letter has been read to me in both English and in the native language of my country which is Hungarian.

I hope this statement clears up any previous misunderstandings.

During the translation I requested the above lines be deleted as they did not represent the exact statement I would like to have on record. Note – I turned 18 the day after I stepped off the boat. Pages 1 – 2 – 3 Read O. K.

Signed: *Anton Pruckner*
ANTON PRUCKNER

Subscribed and sworn to before me this 31ᵗʰ day of Oct 1964.

Notary Public Col AF Res.

My Commission Expires April 1, 1967.

William J. O'Dwyer Witness
Wm. J. O'Dwyer, Capt. USAF

Rev. Sig. Leo W. A. Bessime Witness
(translator)

963 Laurel Ave.

Bridgeport, Conn.

4

AGREEMENT

THIS AGREEMENT made by and between HAROLD S. MILLER and HAROLD W. STEEPER as Executors of the Last Will and Testament of Orville Wright, deceased, hereinafter called the Vendors, Parties of the First Part, and THE UNITED STATES OF AMERICA, hereinafter called the Vendee, Party of the Second Part, W I T N E S S E T H:

WHEREAS there is included in the residuary estate of Orville Wright the Wright Aeroplane of 1903, invented and built by Wilbur and Orville Wright and flown by them at Kitty Hawk, North Carolina on December 17, 1903, and

WHEREAS it is in the public interest that said plane be preserved for all time and made available as a public exhibit in an appropriate place and under proper auspices, and

WHEREAS the Probate Court of Montgomery County, Ohio, having jurisdiction over the administration of said estate, after full hearing in a proceeding to which all persons and institutions having any interest under the will of Orville Wright were parties and had submitted themselves to the jurisdiction of the Court, has officially found that the known wishes of Orville Wright will be carried out and the highest and best interest of the estate will be served by recognizing the public interest and has accordingly authorized and directed the Vendors to enter into this Agreement,

NOW, THEREFORE, THIS AGREEMENT WITNESSETH:

1. For the consideration hereinafter set forth the Vendors agree to sell and do hereby sell to the United States of America, and agree to deliver to the United States National Museum, Washington, D.C., within the current fiscal year ending June 30, 1949, and subject to the terms of this Agreement, the original Wright Aeroplane of 1903.

2. In consideration thereof the Vendee agrees to pay to the Vendors the sum of One ($1.00) Dollar in cash and to comply with the following requirements:

5

(a) Said aeroplane is to be displayed as a public museum
exhibit in the Metropolitan Area of the United States
National Capital only, and except as hereinafter pro-
vided in paragraph (b) is to be housed directly facing
the Main Entrance in the fore part of the North Hall
of the Arts and Industries Building of the United States
National Museum. It shall never be removed from such
public exhibition except as may be required temporarily
for maintenance or protection.

(b) If the proper authorities of the Smithsonian Institution
or its successors (acting for the United States of America)
at any time in the future desire to remove said aeroplane
to any other building in the Metropolitan Area of the
national capital, such removal shall be permitted on the
following conditions:

   1. That the substituted building shall have equal
   or better facilities for the protection, maintenance and exhibition of the aeroplane.

   2. That the Wright Aeroplane of 1903 be given a
   place of special honor and not intermingled
   with other aeroplanes of later design.

   3. That such building be not a military museum but
   be devoted to memorializing the development of
   aviation.

(c) There shall at all times be prominently displayed with
said aeroplane a label in the following form and language:

The Original Wright Brothers' Aeroplane

The World's First Power-Driven Heavier-than-Air Machine

in Which Man Made Free, Controlled, and

Sustained Flight

Invented and Built by Wilbur and Orville Wright

Flown by Them at Kitty Hawk, North Carolina

December 17, 1903

By Original Scientific Research the Wright Brothers Discovered

the Principles of Human Flight

As Inventors, Builders and Flyers They Further Developed the Aeroplane

Taught Man to Fly and Opened the Era of Aviation

Deposited by the Estate of Orville Wright.

"The first flight lasted only twelve seconds, a flight very modest

compared with that of birds, but it was nevertheless the first in the

history of the world in which a machine carrying a man had raised

itself by its own power into the air in free flight, had sailed forward

on a level course without reduction of speed, and had finally landed

2.

5

(d) Neither the Smithsonian Institution or its successors
nor any museum or other agency, bureau or facilities, ad-
ministered for the United States of America by the
Smithsonian Institution or its successors, shall
publish or permit to be displayed a statement or label
in connection with or in respect of any aircraft model
or design of earlier date than the Wright Aeroplane
of 1903, claiming in effect that such aircraft was
capable of carrying a man under its own power in controlled flight.

3. The title and right of possession to be transferred by the
Vendors hereunder shall remain vested in the United States of America
only so long as there shall be no deviation by the Vendee from the requirements in the foregoing paragraph, and only so long as neither the
Estate of Orville Wright nor any person having an interest therein is
required to pay and does bear without indemnity an estate or inheritance
tax, assessed by the State of Ohio, the United States or any other taxing
authority, based upon a valuation of property of the Estate which in-
cludes said aeroplane at a value in excess of One ($1.00) Dollar.

4. Upon the failure of the Vendee to remedy any deviation from
the requirements set forth in paragraph 2, within twelve months after
written specification thereof shall have been given to the Smithsonian
Institution on behalf of the United States or upon (a) the final assessment of any state or federal inheritance, succession or estate tax whereby
the Estate of Orville Wright or any person or persons having an interest
therein shall be required to pay a higher tax by reason of a valuation of
said aeroplane for tax purposes in excess of One ($1.00) Dollar, and (b)
the omission of the United States or others on behalf of the United States
within twelve months of written notice of the final assessment by the
person assessed to provide for the payment thereof by appropriations or
otherwise, title to and right of possession of said aeroplane shall
automatically revert to the Vendors, their successors and assigns.

5. In the event of a termination of title in the United States by
reason of an omission on the part of the United States to provide for the

5

payment of a tax assessment a aforesaid, the United States shall have an option to repurchase the plane at any time within five years of the tax payment by reimbursing the taxpayer in the amount paid with interest thereon at six per cent from the date of payment. Upon the exercise of such option, this Agreement, in all its terms, shall automatically again become of full force and effect.

WITNESS the due execution hereof in duplicate this ___23rd___ day of ___November___ 1948.

Harold S. Miller (SEAL)

Harold S. Miller (SEAL)

Executors of the Estate of
Orville Wright, deceased

UNITED STATES OF AMERICA

BY _A. Wetmore_

Secretary of the Smithsonian Institution

VERITHERM-Heizungstechnik GmbH
Schwichteldter Straße 9 + 8A · 31226 Peine-Dungelbeck

Einschreiben / Rückschein

Stiftung Warentest
z.H. des Vorstandes
Herrn Dr. jur. Brinkmann
Lützowplatz 11 - 13

10785 Berlin

Peine, 26.05.1995

Sehr geehrter Herr Dr. Brinkmann !

In unserer Auseinandersetzung mit der Stiftung Warentest wegen
der Veröffentlichungen über unseren Brennwertkessel in den Ausgaben 2, (Februar 1995), Sonderheft "test-spezial" Energie &
Umwelt und Ausgabe 8 (August 1994) wenden wir uns jetzt persönlich an Sie als Vorstandsvorsitzenden· der Zeitschrift
Stiftung Warentest ("test").

Sie haben in der Ausgabe 8/1994 Messergebnisse und Einstufungen
von Kesseln vorgenommen, die Sie dann in dem "test spezial" Heft
auf den Seiten 34 und 35 wiederholten. Diese von Ihnen veröffentlichten Ergebnisse sind technisch falsch. Sie verletzen uns in
unseren Rechten. Ihre Veröffentlichungen sind wettbewerbsrechtlich
von größter Bedeutung, da Sie unsere Wettbewerber völlig unberechtigt
herausheben, obwohl deren Kessel wesentlich schlechtere Werte haben
als wir.

Wir wiesen bereits darauf hin, daß unser Gerät der einzige Brennwertkessel auf dem Markt ist.

Wir fordern Sie deshalb auf, folgende Behauptungen zu unterlassen :

Die genannten Kessel in Ihrer Veröffentlichung, Seite 35, "Gas-
Brennwertkessel" der Firmen Buderus, EWFE, Hydrotherm, Junkers,
Schäfer, Sieger, Viessmann und Elco seien Brennwertkessel. Diese
Tatsachenbehauptung ist falsch und verletzt uns als Wettbewerber,
der wir in dieser Aufstellung noch nicht einmal genannt sind, in
gröblichster Weise in unseren Rechten an unserem Gewerbebetrieb.

Für den Viessmann-Kessel sind z.B. 92° Abgastemperatur mit einem
Wirkungsgrad von 102% gemessen wurden. Damit sind z.B. schlechtere
Werte ermittelt worden als bei dem in der gleichen Aufstellung
S. 34 genannten "Gas-Spezialheizkessel" der Fa. Oertli. Bei
diesem Kessel ist die Abgastemperatur mit 82° angegeben, dennoch
hat Ihr Haus diesen Kessel nicht als Brennwertkessel bezeichnet,

- 2 -

Eingetragen im Handelsregister
HR Peine, Nr. B 1304
Geschäftsführer: Richard Vetter

Volksbank Peine eG
(BLZ 252 600 10)
Kto.-Nr. 10 20 100 900

TEL. (0 51 71) 8 15 10
Geschäftszeiten: Mo-Do 8.30-16.30
Fr 8.30-14.00

6

221

VERITHERM-Heizungstechnik GmbH
Schmerlenstedter Straße 9 + 9A · 31226 Peine-Dungelbeck

- 2 -

auch hat man trotz der besseren Abgastemperatur, die Firma
Viessmann aufweisen kann, ihn nur mit 92 % Nutzungsgrad einge-
stuft. Ein Vergleich dieser Werte zeigt, daß die Einstufung
auf Brennwertkessel oder Nicht-Brennwertkessel völlig will-
kürlich passiert ist.

Tatsächlich sind beides keine Brennwertkessel, da die Definition
für Brennwertkessel deutlich sagt, daß erst dann von einem Brennwertkessel gesprochen werden kann, wenn die Abgastemperatur unter
25° liegt. Bei Abgastemperaturen bis 40° kann man nur von einem
Teilbrennwert sprechen. Desweiteren müssen die Werte mit voller
Nennleistung, d.h. im Dauerbetrieb, ermittelt werden. Alles das
ist bei den von Ihnen veröffentlichten Messungen : nicht beachtet
worden.

Noch krasser ist die falsche Veröffentlichung in Ihrer Ausgabe
Nr.2 aus 1995, Seite 70 und 71. Hier wird unser Kessel "mit
Brennwertnutzung" erwähnt und dem Kessel der Firma EWFE gegen-
über gestellt.

Nach den obigen Ausführungen ist klar, daß der Kessel von EWFE
kein Brennwertkessel ist, bei einer Abgastemperatur von 76° und
einem ermittelten Nutzungsgrad von 101 %.

Wir fordern Sie auf, es zu unterlassen, über unseren Kessel zu
berichten, daß dieser eine Abgastemperatur von 42°, 2,5 ph-Wert
und 10 % CO$_2$ habe, diese Werte sind sachlich falsch.

Wir legen Ihnen ein Messergebnis über Veritherm bei, das über
5 Monate gelaufen ist und die richtigen Abgastemperaturen von
20-25° zeigt. Der ph-Wert liegt zwischen 6-8, CO$_2$-Wert zwischen
12 u. 13. Ihre Messungen stellen die Tatsachen auf den Kopf.
Es ist zu beanstanden, daß ein über 2 Jahre alter Kessel zugrunde gelegt, bei dem dann auch noch die Neutralisationsanlage totgelegt wurde.

Auf dem rechts unten auf Seite 71 veröffentlichen Foto des
Veritherm-Kessel ist das deutlich zu sehen, da dort die
Neutralisationsanlage und der Unterbau fehlen. Außerdem haben
Sie Veritherm geöffnet und schlecht, als angerostet, dargestellt.

Diese falschen Tatsachenbehauptungen sind geeignet, uns in
unserem Gewerbebetrieb nachhaltig zu beeinträchtigen. Ihre
Veröffentlichungen können unsere Existenz ruinieren.

- 3 -

Eingetragen im Handelsregister
HR Peine, Nr. B 1304
Geschäftsführer: Richard Vetter

Volksbank Peine eG
(BLZ 252 600 10)
Kto.-Nr. 10 20 100 900

TEL. (0 51 71) 8 15 10

Geschäftszeiten: Mo-Do 8.30-16.30
Fr 8.30-14.00

6

VERITHERM Heizungstechnik GmbH
Schmedenstedter Straße 9 + 9A · 31226 Peine-Dungelbeck

- 3 -

Wir sind deshalb nicht bereit, diese Veröffentlichungen ohne
Widerspruch hinzunehmen.

Deshalb fordern wir Sie auf, uns innerhalb der nächsten
2 Wochen - 09.06.1995 - zu bestätigen, daß Sie diese falschen
Berichte unterlassen und richtig stellen.

Wir behalten uns vor, erhebliche Schadenersatzforderungen zu
stellen, weil Ihre falschen Veröffentlichungen Kundenentschei-
dungen zu Lasten des Veritherm-Kessels beeinflußt haben. Obwohl unsere Werte des Veritherm-Kessels die besten auf der Welt
sind, und wir auch nur den einzigen Brennwertkessel besitzen,
haben Kunden sich für andere Marken entschieden, eben weil sie
gläubig sind, hinsichtlich der Veröffentlichungen in Ihrer
Zeitschrift.

Inzwischen haben sich mehrere Professoren (Sachverständige)
deutlich zum Thema Brennwertkessel in unserem Sinne geäußert
und unsere Auffassung bestätigt. Sie haben deshalb alle Ver-
anlassung, Ihre falschen Tatsachenbehauptungen zu korrigieren
und die Leserschaft ordnungsgemäß zu informieren.

Wir bieten noch einmal an, Ihnen die technischen Zusammenhänge
zu erklären und ein Gespräch mit Ihnen zu führen, damit solche
peinlichen Fehler in Zukunft unterbleiben.

Freundliche Grüße!

Veritherm - Heizungstechnik
G m b H
Schmedenstedter Str. 9 + 9 A
31226 Peine / OT. Dgb.
Tel. 051 71 / 8 15 10

Anlagen
Meßergebnis
"Dummdreister Milliarden Betrug"

Eingetragen im Handelsregister
HR Peine, Nr. B 1304
Geschäftsführer: Richard Vetter

Volksbank Peine eG
(BLZ 252 600 10)
Kto.-Nr. 10 20 100 900

TEL. (0 51 71) 8 15 10
Geschäftszeiten: Mo-Do 8.30-16.30
Fr 8.30-14.00

6

Umweltbundesamt
Fachgebiet „Aufklärung der
Öffentlichkeit in Umweltfragen"

Postfach 330022
14191 Berlin

Betr.: _____

Wir bitten Sie, sich
außerdem zu wenden an:

*Der [handwritten text] von
Herrn Vetter ist uns
nicht bekannt. Aber
edens lebrral*

DEUTSCHES PATENTAMT

80297 München

Telefon: (0 89) 21 95 - 0;   **Telex:** 5 23 534
Telefax: (0 89) 21 95 - 22 21
Telefonische Auskünfte: (0 89) 21 95 - 34 02

Konten der Zahlstelle:
Postgiroamt München 791 91-803 (BLZ 700 100 80)
Landeszentralbank München 700 010 54 (BLZ 700 000 00)

Deutsches Patentamt - Dienststelle Berlin

10958 Berlin

Telefon: (0 30) 25 94 - 0;   **Telex:** 1 83 604
Telefax: (0 30) 25 94 - 6 93
Telefonische Auskünfte: (0 30) 25 94 - 6 77

Konten der Zahlstelle:
Postgiroamt Berlin West 75 00-100 (BLZ 100 100 10)
Landeszentralbank Berlin 100 010 10 (BLZ 100 000 00)

Merkblatt für Patentanmelder

(Ausgabe 1991)

Die gesetzlichen Erfordernisse einer Patentanmeldung ergeben sich aus

- dem Patentgesetz (PatG) in der Fassung der Bekanntmachung vom 16. Dezember 1980 (Bundesgesetzblatt (BGBl.) 1981 I S. 1); Blatt für Patent-, Muster- und Zeichenwesen (Bl.f.PMZ) 1981, 3 ff., geändert durch Gesetz vom 15. August 1986 (BGBl. 1986 I S. 1446; Bl.f.PMZ 1986, 310 ff.), zuletzt geändert durch Gesetz vom 7. März 1990 (BGBl. I S. 442; Bl. f. PMZ 1990, 161);

- der Verordnung über die Anmeldung von Patenten (Patentanmeldeverordnung - PatAnmV) vom 29. Mai 1981 (BGBl. 1981 I S. 521; Bl.f.PMZ 1981, 229 ff.), zuletzt geändert durch Verordnung vom 4. Mai 1990 (BGBl. 1990 I S. 856; Bl.f.PMZ 1990, 214).

Dieses Merkblatt gibt dem Anmelder Hinweise zum Vorbereiten und Einreichen einer Patentanmeldung sowie für das Patenterteilungsverfahren. Es kann kostenlos allein oder mit der Patentanmeldeverordnung beim Deutschen Patentamt bestellt werden.

I. Was kann geschützt werden?

1. Patentfähige Erfindungen

Als Patente werden technische Erfindungen geschützt, die neu sind, auf einer erfinderischen Tätigkeit beruhen und gewerblich anwendbar sind (§ 1 Abs. 1 PatG).

2. Nicht patentfähige Erfindungen

Als Patente werden insbesondere nicht geschützt:

- Entdeckungen sowie wissenschaftliche Theorien und mathematische Methoden;
- ästhetische Formschöpfungen;
- Pläne, Regeln und Verfahren für gedankliche Tätigkeiten (z.B. Baupläne, Schnittmuster, Lehrmethoden für Menschen und Tiere, Notenschrift, Kurzschriften), für Spiele und geschäftliche Tätigkeiten (z.B. Buchführungssysteme) sowie Programme für Datenverarbeitungsanlagen;
- die Wiedergabe von Informationen (z.B. Tabellen, Formulare, Schriftenanordnungen);
- Konstruktionen und Verfahren, die den Naturgesetzen widersprechen (z.B. eine Maschine, die ohne Energiezufuhr Arbeit leisten soll - perpetuum mobile -).

Daneben können Patente nicht erteilt werden für

- Erfindungen, deren Veröffentlichung oder Verwertung gegen die öffentliche Ordnung oder die guten Sitten verstoßen würde; ein solcher Verstoß kann jedoch nicht allein aus der Tatsache hergeleitet werden, daß die Verwertung der Erfindung durch Gesetz oder Verwaltungsvorschrift verboten ist;
- Pflanzensorten oder Tierarten sowie für im wesentlichen biologische Verfahren zur Züchtung von Pflanzensorten oder Tieren.

  Mikrobiologische Verfahren und die mit Hilfe dieser Verfahren gewonnenen Erzeugnisse sowie Erfindungen von Pflanzensorten, die ihrer Art nach nicht im Artenverzeichnis zum Sortenschutzgesetz aufgeführt sind, und von Verfahren zur Züchtung einer solchen Pflanzensorte sind dagegen dem Patentschutz zugänglich.

Literatur

»A Multi-National Archaeological Mission«, in: »Egyptian Gazette« vom 31. 3. 1996

Aeschlimann, Johann: »Atombomben-Mafia kannte keine Rücksicht«, in: »Luzerner Neuste Nachrichten« vom 31. 12. 1993

Alcubierre, M.: »The Warp Drive: Hyperfast Travel within General Relativity«, in: »Classical and Quantum Gravity«, Nr. 11/1994

Alfonsi, Philippe: »Au nom de la science«, Paris 1989

»Alte Meister«, in: »Der Spiegel«, Nr. 26/1995

Andrews, Solomon: »The Art of Flying«, New York 1865

–: »The Aeron, or Flying Ship«, New York 1866

»Anzeichen für Wasser auf dem Mond«, in: »Neue Zürcher Zeitung« vom 4. 12. 1996

Arcieri, G. P.: »Enrico Bottini and Joseph Lister in the Method of Antisepsis«, New York 1967

Asimov, Isaac: »Das Wissen unserer Welt«, München 1991

–: »Grenzfälle der Naturwissenschaften«, München 1992

Asimov, Isaac und Janet: »Kosmos und Materie«, München 1995

Baierlein, Ralph: »Newton to Einstein«, Cambridge 1992

Baldenhofer, Jörg (Hrsg.): »Schwäbische Tüftler und Erfinder«, Stuttgart 1986

Barber, Bernard: »Resistance by Scientists to Scientific Discovery«, in: »Science«, Nr. 134/1961

Bauer, Henry H.: »Scientific Literacy and the Myth of Scientific Method«, Chicago 1992

Bauval, Robert und Hancock, Graham: »Der Schlüssel zur Sphinx«, München 1996

Bavink, Bernhard: »Ergebnisse und Probleme der Naturwissenschaften«, Zürich 1949

Beatty, Charles: »Ferdinand de Lesseps – Der Erbauer des Suezkanals«, Bern 1957

Behringer, Wolfgang und Ott-Koptschaliljski, Constance: »Der Traum vom Fliegen«, Frankfurt 1991

Benz, Carl: »Lebensfahrt eines deutschen Erfinders«, Leipzig 1925

Berends, Werner: »Waldsterben durch weltweit neu eingeführte Höchstspannungs-Freileitungssysteme«, Hamburg 1984

–: »Lobby contra Verstand«, in: »Die Heckschnärre«, Nr. 3/1992

–: »Der Transport von elektrischem Strom«, Berlin 1994

–: Brief an den Autor vom 27. 3. 1995

Bergier, Jacques: »Vorstoß an die Grenzen des Möglichen«, Rüschlikon-Zürich 1972

Biallo, Horst: »Die Doktormacher«, Wien 1994

Blaser, R. H.: »Neue Erkenntnisse zur Basler Zeit des Paracelsus«, Einsiedeln 1953

Blaser, Robert: »Lästerung und Lobpreisung des Paracelsus in Basel«, München 1963

»Blick in den Nebel«, in: »Der Spiegel«, Nr. 4/1991

Bliven, Bruce: »Gestalter der Zukunft«, Zürich 1943

Bracewell, Ronald N.: »Die Fourier-Transformation«, in: »Spektrum der Wissenschaft«, Nr. 8/1989

Breuer, Georg: »Triumph der Phantasten«, Düsseldorf 1967

Breuer, Reinhard und Scriba, Jürgen: »Unser Universum: Eine Blase im kosmischen Schaumbad«, in: »Focus«, Nr. 1/1995

Broad, William und Wade, Nicholas: »Betrug und Täuschung in der Wissenschaft«, Basel 1984

Broda, Engelbert: »Ludwig Boltzmann«, Wien 1955

Buberl, Alfred: »Die Automobile des Siegfried Marcus«, Wien 1994

Bürgin, Luc: »Mondblitze – Unterdrückte Entdeckungen in Raumfahrt und Wissenschaft«, München 1994

Buess, Heinrich: »Ignaz Semmelwels und die Begründung der Asepsis in der Geburtshilfe«, in: »Schweizerische Medizinische Wochenschrift«, Nr. 36/1948

–: »Zum 300. Todestag von William Harvey«, in: »Deutsche Medizinische Wochenschrift«, Nr. 29/1957

–: »William Harvey und die praktische Medizin«, in: »Schweizerische Rundschau für Medizin«, Nr. 1/1958

Bultmann, Antje und Schmithals, Friedemann (Hrsg.): »Käufliche Wissenschaft«, München 1994

Burmester, H. J.: Brief an den Autor vom 12. 5. 1995

Cantor, G. N.: »Optics after Newton«, Manchester 1983

Chazin, Suzanne: »Der Arzt, der neue Wege ging«, in: »Das Beste«, Nr. 9/1994

Clark, Jerome: »Airships: Part I«, in: »International UFO Reporter«, Nr. 1/1991

Coe, Michael D.: »Das Geheimnis der Maya-Schrift«, Reinbek 1995

Cohen, I. Bernard: »Revolutionen in der Naturwissenschaft«, Frankfurt 1994

Combs, Harry: »Brüder des Winds«, Königstein 1981

Corliss, William R.: »Science Frontiers: Some Anomalies and Curiosities of Nature«, Glen Arm 1994

Cottler, Joseph und Jaffe, Haym: »Wegbereiter«, Stuttgart 1948

»Das Weltall ist so alt wie seine Sterne«, APA-Meldung vom 4. 9. 1995

Dederichs, Mario R.: »Eine Mauer aus Sternen«, in: »Stern«, 30. 11. 1989

Degen, Rolf: »Die wiedergefundene Ehre eines Psychologen«, in: »Frankfurter Allgemeine Zeitung« vom 13. 6. 1990

Demeulenaere-Douyère, Christiane: Brief an den Autor vom 29. 11. 1994

Dessauer, Friedrich: »Forscher und Erfinder ändern die Welt«, Luzern 1952

Deubner, F.-L.: Brief an den Autor vom 11. 12. 1995

Dewdney, A. K.: »200 Prozent von Nichts«, Basel 1994

Di Trocchio, Federico: »Der große Schwindel«, Frankfurt 1994

Dickinson, H. W. und Jenkins, Rhys: »James Watt and the Steam Engine«, Ashbourne (Derbyshire) 1981

»Die totgesagte Tuberkulose lebt auf«, in: »Neue Zürcher Zeitung« vom 10. 2. 1993

Diesel, Eugen: »Das Phänomen der Technik«, Berlin 1939

–: »Diesel«, Stuttgart 1953

–: »Die Geschichte des Diesel-Personenwagens«, Stuttgart 1955

Diringshofen, Heinz von (u.a.): »An der Schwelle zum Weltall«, Wien 1959

Dittel, Gerald: »Moderne Wissenschaft: Irrwege und Ausweg«, in: »Raum und Zeit«, Nr. 78/1995

Droesch, Daniel: »Abschied ohne Tränen«, in: »Facts«, Nr. 22/1995

Duck, Michael: »The Bezold-Bruecke Phenomenon and Goethe's Rejection of Newton's Optics«, in: »American Journal of Physics«, Nr. 55/1987

Dulbecco, Renato und Chiaberge, Riccardo: »Konstrukteure des Lebens«, München 1991

Duncan, Ronald: »Critics' Gaffes«, London 1983

Ebeling, Hermann: »Der Freiherr von Drais«, Karlsruhe 1985

Edelman, Gerald M.: »Göttliche Luft, vernichtendes Feuer«, München 1995

Ege, Lennart: »Ballons und Luftschiffe«, Zürich 1973

Eger, Rudolf: »Genie ohne Erfolg«, Einsiedeln 1957

Ehlers, Hans-Joachim: »Die Wissenschaftsmafia«, in: »Raum und Zeit«, Nr. 32/1988

–: »Wissenschaftliche Meinungsfreiheit«, in: »Raum und Zeit«, Nr. 51/1991

»Eine künstliche Sonne aus Chrom«, in: »Tages-Anzeiger« vom 8. 3. 1995

Einstein, Albert: »Mein Weltbild«, Berlin 1957

Emmermann, Rolf: »Abenteuer Tiefbohrung«, in: »Geowissenschaften«, Nr. 4/1995

Epstein, Irving R.: »Patterns in Time and Space«, in: »Chemical and Engineering News«, 30. 3. 1987

Erni, Franz Xaver: »Das Universum ist 15 Milliarden Jahre alt«, in: »Basellandschaftliche Zeitung« vom 13. 6. 1994

Etzold, Sabine: »Der Deutschen liebster Titel«, in: »Die Zeit« vom 19. 8. 1994

Fahr, Hans Jörg: »Der Urknall kommt zu Fall«, Stuttgart 1992

Fauvel, John (Hrsg.): »Newtons Werk«, Basel 1993

Feyerabend, Paul: »Irrwege der Vernunft«, Frankfurt 1989

Finetti, Marco: »Betrug in Bonn«, in: »Die Zeit« vom 29. 7. 1994

Fischer, Daniel: »Hubble sieht Oberfläche von Titan«, in: »Sterne und Weltraum«, Nr. 2/1995

Fischer, Ernst Peter: »Kritik des gesunden Menschenverstandes«, Hamburg 1989

–: »Die Beweglichkeit der Gene«, München 1991

–: »Die Quanten und die Relativität«, in: »Die Weltwoche« vom 17. 11. 1994

–: »Die aufschimmernde Nachtseite der Wissenschaft«, Lengwil 1995

Fischer, Ernst Peter und Geißler, Erhard (Hrsg.): »Wieviel Genetik braucht der Mensch?«, Konstanz 1994

Fisher, Richard B.: »Joseph Lister«, London 1977

Fisk, Dorothy: »Doctor Jenner of Berkeley«, London 1959

Fleckenstein, Joachim O.: »Naturwissenschaft und Politik«, München 1965

Fölsing, Albrecht: »Der Mogelfaktor«, Hamburg 1984

Fox Keller, Evelyn: »Barbara McClintock«, Basel 1995

Friebe, Ekkehard: »Innovationshemmende Dogmen in den Naturwissenschaften«, Vortragsmanuskript, Berlin 1992

Friedel, A.: »Ulysses«, in: »Raumfahrt-Journal«, Nr. 6/1994

Funke, Gösta W.: »Ungenutzte Wissenschaft«, in: »Bild der Wissenschaft«, Nr. 10/1970

Gantenbrink, Rudolf: »Technische Anmerkungen zur Untersuchung der Modellgrabkorridore in der Cheopspyramide«, in: »G.R.A.L.«, Nr. 6/1994

Gasche, Urs P.: »Empa: ›Wer zahlt, beeinflußt das Testresultat‹«, in: »K-Tip«, Nr. 15/1994

»Gewitzter als der Mensch«, in: »Der Spiegel«, Nr. 38/1992

Gibbs-Smith, Charles H.: »The Aeroplane«, London 1960

–: »The Wright Brothers«, London 1963

–: »Aviation«, London 1985

»Gibt es Wasser am Südpol des Mondes?«, APA-Meldung vom 9. 11. 1995

Gööck, Roland: »Die großen Erfindungen«, Künzelsau 1989

Gowing, Margaret: »How Nuclear Power Began«, Southampton 1987

Grieder, Karl: »Zeppelln, Dornier, Junkers«, Disentis 1989

Grotelüschen, Frank: »Schneller als das Licht«, in: »Tages-Anzeiger« vom 10. 11. 1995

Gsteiger, Fredy: »Von höheren und Andenkenjägern«, in: »Die Zeit« vom 24. 2. 1995

Guericke, Otto von: »Neue Magdeburger Versuche über den leeren Raum«, Düsseldorf 1968

Haase, Michael: »Auf den Spuren des UPUAUT«, in: »G.R.A.L.«, Nr. 6/1994

–: »Inforrnationsverzerrungen oder journalistische Unzulänglichkeiten?«, in: »G.R.A.L.«, Nr. 6/1994

–: »Die andere Seite der Pyramiden«, Berlin 1995

Hallam, A.: »Alfred Wegener and the Hypothesis of Continental Drift«, in: »Scientific American«, Nr. 2/1975

Hansen, Friedrich: »Sterben für die Wissenschaft«, in: »Der informierte Arzt«, Nr. 18/1996

Haslett, A. W.: »Ungelöste Probleme der Wissenschaft«, Wien 1936

»Hat Einstein abgeschrieben?«, in: »Raum und Zeit«, Nr. 74/1995

Hearnshaw, Leslie: »Cyril Burt, Psychologist«, London 1979

Heide, Fritz: »Kleine Meteoritenkunde«, Berlin 1957

Henger, Gregor: »Fummeln an Einsteins Relativitätsgleichungen«, in: »Die Weltwoche« vom 2. 2. 1995

Herrmann, Joachim: »Die große Galaxien-Mauer«, in: »Kosmos« Nr. 10/1990

Hildeshelmer, Arnold: »Die Welt der ungewohnten Dimensionen«, Leiden 1953

Hofer, Peter: »Das teure Objekt der Begierde«, in: »Bild der Wissenschaft«, Nr. 7/1994

Hornung, Helmut: »Stimmt unsere Vorstellung von der Sonnenphysik?«, in: »Star-Observer«, Nr. 1/1995

Howard, Fred: »Wilbur and Orville«, London 1988

Hylander, C. H.: »Amerikanische Erfinder«, New York 1934

Israel, Hans (u.a.): 400 Autoren gegen Einstein«, Leipzig 1931

Jacobshagen, Volker (Hrsg.): »Alfred Wegener 1880-1930«, Berlin 1980

Jörgenson, Lars: »Ein Überblick über die Grauzone in der Wissenschaft«, Berlin 1990

Jones, Ernest: »Das Leben und Werk von Sigmund Freud«, Bern 1978

Jones, Steve: »Die Botschaft der Gene«, München 1995

Joynson, Robert B.: »The Burt Affair«, New York 1989

Jung, Joachim: »Kein Eintritt für Ruhestörer«, in: »Süddeutsche Zeitung« vom 15./16. 10. 1994

Kaiser, Ernst: »Paracelsus«, Reinbek 1993

Karcher, Hans: »Paracelsus, Stadtarzt von Basel«, in: »Schweizerische Medizinische Wochenschrift«, Nr. 39/ 1941

Kauffeldt, Alfons: »Otto v. Guericke«, Leipzig 1973

Kelly, Fred C.: »The Wright Brothers«, New York 1943

Kemmerich, Max: »Kultur-Kuriosa«, München 1910

Kertesz, Robert: »Semmelweis – Der Kämpfer für das Leben der Mütter«, Zürich 1943

Kevles, Daniel J. und Hood, Leroy (Hrsg.): »Der Supercode«, München 1993

Klenitz, Ernesto: »Der Suezkanal«, Berlin 1957

Kiper, Manuel und Streich, Jürgen: »Biologische Waffen: Die geplanten Seuchen«, Reinbek 1990

Klauser, Franz: »Die Pioniere der Raumfahrt«, in: »Star-Observer«, Nr. 1/1995

Klemm, Friedrich: »Technik«, München 1954

–: »Perpetuum mobile«, Dortmund 1983

Klinckowstroem, Carl Graf von: »Knaurs Geschichte der Technik«, München 1959

Knäusel, Hans G.: »LZ1 – Der erste Zeppelin«, Bonn 1985

Knop, Daniel: »Der Vetter-Ofen«, Göttingen 1994

Koelbing, Huldrych M.: »Im Kampf gegen Pocken, Tollwut, Syphilis«, Basel 1974

Koelbing-Waldis, Vera: »Geschichte der Pocken-Impfung«, in: »Arzt & Praxis«, Nr. 1/1995

Kofteci, Kate und Shuffain, Rebecca: »Doctor Receives Prestigious Scientific Award«, in: »The Cavalier Dally« vom 27. 9. 1995

Kompenhans, Kurt: »Die Dampfmaschine«, Stuttgart 1983

Krauss, Lawrence M.: »The Physics of Star Trek«, New York 1995

»Krieg der Viren«, in: »Der Spiegel«, Nr. 6/1995

Krüger, Johannes: »Das Weltbild der Naturwissenschaften im Wandel der Zeit«, Paderborn 1953

Krumbiegel, Ingo: »Gregor Mendel«, Stuttgart 1957

»Künstliche Sonne bestätigt Gallex«, in: »Sterne und Weltraum«, Nr. 2/1995

Lämmel, Rudolf: »Von Naturforschern und Naturgesetzen«, Leipzig 1927

Lange-Eichbaum, Wilhelm und Kurth, Wolfram: »Genie, Irrsinn und Ruhm«, München 1967

Larsen, Egon: »Abenteuer der Technik«, Berlin ohne Jahresangabe

Lentin, Jean-Pierre: »Je pense donc je me trompe«, Paris 1994

Lesseps, Ferdinand de: »Entstehung des Suezkanals«, Düsseldorf 1984

»Liebling Clementine«, in: »Illustrierte Wissenschaft«, Nr. 5/1995

Linden, Brigitte: »Fachhochschulen – erfolgreich, aber in Nöten«, in: »Die Welt« vom 15. 10. 1994

Lindley, David: »Das Ende der Physik«, Basel 1994

»Löcher im Mantel«, in: »Der Spiegel«, Nr. 27/1996

Lundgren, William R.: »Flug ins Grenzenlose«, Rüschlikon 1961

Marsden, R.: »Surprising Results from Ulysses' South Polar Pass«, in: »ESA-Bulletin«, Nr. 80/1994

Martim, Viktor: Brief an Werner Berends vom 22. 3. 1985

Mathys, Ernst: »Beiträge zur schweizerischen Eisenbahngeschichte«, Bern 1944

McKay, H. Alwyn C.: »Das Atomzeitalter«, Berlin 1989

Meurger, Michel: »Zur Diskussion des Begriffs ›modern legend‹ am Beispiel der ›Alrships‹ von 1896-97«, in: »Fabula«, Nr. 3-4/1985

Meyer, Ollvia: »Platzt die Urknalltheorie?«, in: »Süddeutsche Zeitung« vom 2. 5. 1991

Milton, Richard: »Verbotene Wissenschaften«, Frankfurt 1996

Mörgell, Christoph: »Zwischen schroffer Ablehnung und stürmischer Begeisterung«, in: »Neue Zürcher Zeitung« vom 29. 3. 1995

Moncel, Théodose: »Sur le phonographe de M. Edison«, in: »Comptes rendus«, Nr. 86/1878

Monmaney, Terence: »Marshall's Hunch«, in: »The New Yorker«, 20. 9. 1993

Moshage, Julius: »Das Jahrhundert der Ingenieure«, Göttingen 1975

Müller, Klaus: »Stufenlose Technik«, in: »Flug Revue«, Nr. 1/1990

»Nadelstiche machen schläfrig«, Pressemeldung des Schweizerischen Nationalfonds vom 17. 6. 1996

Näher, Sven: »Übersehene Sensation«, in: »G.R.A.L.«, Nr. 1/1995

»Noch kein Beweis für Eis auf dem Mond«, in: »Sterne und Weltraum«, Nr. 1/1995

Oberth, Hermann: »Menschen im Weltraum«, Düsseldorf 1954

»Öl-Wechsel – nein danke«, in: »Fairkehr«, September 1987

Ostwald, Walter: »Rudolf Diesel und die motorische Verbrennung«, München 1956

»Pasteur im Zwielicht«, in: »Naturwissenschaftliche Rundschau«, Nr. 2/1994

Pertigen, Eno: »Der Teufel in der Physik«, Berlin 1988

Pietschmann, Herbert: »Das Ende des naturwissenschaftlichen Zeitalters«, Stuttgart 1995

Pilgrim, Cornelius von: Brief an den Autor vom 1. 9. 1994

Planck, Max: »Max Planck – Wissenschaftliche Selbstbiographie«, in: »Acta Historica Leopoldina«, Nr. 19/1990

Pörtner, Rudolf (Hrsg.): »Sternstunden der Technik«, Düsseldorf 1986

Popper, Karl und Kreuzer, Franz: »Offene Gesellschaft, offenes Universum«, München 1992

Prause, Gerhard und Randow, Thomas von: »Der Teufel in der Wissenschaft«, München 1989

Preuß, Erich: »George Stephenson«, Leipzig 1987

Pritchard, David: »Durch Raum und Nacht«, Stuttgart 1992

Randolph, Stella: »The Lost Flights of Gustave Whitehead«, Washington 1937

–: »Before the Wrights Flew«, New York 1966

Randolph, Stella und O'Dwyer, William J.: »History by Contract«, Leutershausen 1978

Reinke-Kunze, Christine: »Alfred Wegener«, Basel 1994

Rétyl, Andreas von: »Gefahr aus dem All«, Stuttgart 1992

Rhiner, Fred: »William Harvey«, Zürich 1978

Rohrbach, Klaus: »Alfred Wegener – Erforscher der wandernden Kontinente«, Stuttgart 1993

Rosenkranz, Hans: »Graf Zeppelin«, Berlin 1931

Roth, H. J.: Brief an den Autor vom 9. 5. 1995

»Royal Flush«, in: »Der Spiegel«, Nr. 52/1990

Ruggieri, Guido: »Der Mond«, Stuttgart 1971

Sample, Ian und Matthews, Robert: »Anti-gravity device gives science a lift«, in: »Sunday Telegraph« vom 1. 9. 1996

Schadewaldt, Hans: Brief an den Autor vom 13. 9. 1995

Schatzer, Laro: Briefe an den Autor vom 4. 2. 1995, 15. 4. 1996, 10. 5. 1996 und 23. 1. 1997

Scheller, Ruben: »Das Gen-Geschäft«, Köln 1985

Schenk, Gustav: »Vor der Schwelle der letzten Dinge«, Berlin 1955

Schleich, Carl Ludwig: »Besonnte Vergangenheit«, Berlin 1920

Schmolz, Helmut und Weckbach, Hubert: »Robert Mayer – Sein Leben und Werk in Dokumenten«, Weißenhorn 1964

Schütz, Wilhelm: »Robert Mayer«, Leipzig 1969

Schulz-Wittuhn, Gerhard: »Das Auto – Vom Traum zur Wirklichkeit«, Frankfurt 1957

Schwarzbach, Martin: »Alfred Wegener und die Drift der Kontinente«, Stuttgart 1980

Schwenke, Heiner: »Der Mythos der wissenschaftlichen Methode«, in: »Zeitschrift für Parapsychologie und Grenzgebiete der Psychologie«, Nr. 3-4/1993

Seaborg, Glenn T.: »The Positive Power of Radioisotopes«, in: »Skeptical Inquirer«, Nr. 1/1995

Sepper, Dennis L.: »Goethe contra Newton«, Cambridge 1988

Sfountouris, Argyris: »Kometen, Meteore, Meteoriten«, Rüschlikon-Zürich 1986

Sheldrake, Rupert: »Sieben Experimente, die die Welt verändern könnten«, Bern 1994

»Sieg der Rebellen«, in: »Der Spiegel«, Nr. 44/1994

Siemens, Werner von: »Lebenserinnerungen«, Berlin 1916

Sigma, Rho: »Forschung in Fesseln«, Wiesbaden 1994

»Signale aus Palo Alto«, in: »Der Spiegel«, Nr. 14/1980

Sillo-Seidl, Georg: »Die Wahrheit über Semmelweis«, Genf 1978

Simonyi, Karoly: »Kulturgeschichte der Physik«, Thun/Frankfurt 1990

Smyth, Henry: »Atomenergie und ihre Verwertung im Kriege. Offizieller amerikanischer Bericht über die Entwicklung der Atombombe«, Basel 1947

»Später Ruhm«, in: »Der Spiegel«, Nr. 35/1994

Stadelmann, Rainer: »Die großen Pyramiden von Giza«, Graz 1990

–: Brief an den Autor vom 30. 4. 1996

Stellpflug, Jürgen: »Wie geschmiert«, in: »Öko-Test-Magazin«, Nr. 2/1989

Stiller, Wolfgang: »Ludwig Boltzmann«, Thun 1989

Sulzer, Peter (Hrsg.): »Winterthur-Assuan retour«, Winterthur 1985

Sutton, Christine: »Raumschiff Neutrino«, Basel 1994

Szabadvary, Ferenc: »Antoine Laurent Lavoisier«, Leipzig 1987

»Tage des ›Magenteufels‹ sind gezählt«, APA-Meldung vom 4. 6. 1996

»Tempo ohne Limit«, in: »Der Spiegel«, Nr. 21/1994

»The Wright Aeroplane and Its Fabled Performances«, in: »Scientific American«, 13. 1. 1906

Thenius, Erich: »Versteinerte Urkunden«, Berlin 1972

Thiel, Rudolf: »Männer gegen Tod und Teufel«, Berlin 1931

Thoene, Peter: »Eroberung des Himmels«, Zürich 1944

Thompson, Sylvanus: »The Life of Sir William Thomson, Baron Kelvin of Largs«, London 1910

Treder, Hans-Jürgen: »Große Physiker und ihre Probleme«, Berlin 1983

Ulmer, Karl (Hrsg.): »Die Wissenschaft und die Wahrheit«, Stuttgart 1966

Vergara, William C.: »Das Blaue vom Himmel heruntergefragt«, Düsseldorf 1959

Verleger, August: »Das Wunder aus dem Nichts«, Frankfurt 1955

Vetter, Richard: Brief an den Autor vom 17. 1. 1997

Vischer, A. L.: »Paracelsus in Basel«, in: »Schweizerische Rundschau für Medizin«, Nr. 39/1941

Vollmer, Gerhard: »Wozu Pseudowissenschaften gut sind«, in: »Skeptiker«, Nr. 4/1994

»Vom Faustkeil zum Laserstrahl«, Stuttgart 1982

Walz, Werner: »Wo das Auto anfing …«, Konstanz 1981

Watson, James D.: »Die Doppel-Helix«, Hamburg 1969

Weiß, Robert: »Mit dem Computer auf ›DU‹«, Männedorf 1986

Weißenborn, G. K.: »Gustav Weißkopf«, Leutershausen 1991

Welti, Oskar: »Zürich-Baden, die Wiege der schweizerischen Eisenbahnen«, Zürich 1946

Whyte, Lancelot Law: »Essay on Atomism«, Middletown 1961

Wickert, Johannes: »Isaac Newton«, Reinbek 1995

Wilson, Robert Anton: »Die neue Inquisition«, Frankfurt 1992

Witt, Armin: »Das Galilei-Syndrom. Unterdrückte Entdeckungen und Erfindungen«, München 1991

–: Brief an den Autor vom 26. 10. 1994

Wöhl, Hubertus: Brief an den Autor vom 7. 12. 1995

Wutzke, Ulrich: »Der Forscher von der Friedrichsgracht«, Leipzig 1988

»Zeitreisen doch möglich?«, in: »Basler Zeitung« vom 2. 10. 1995

Zimmer, Ernst: »Umsturz im Weltbild der Physik«, München 1934

Zuuring, Peter: Brief an den Autor vom 22. 8. 1995

Register

237

2010 Seiten, ISBN 3-7766-2030-7

Werner Stein

Der Neue Kulturfahrplan

Vom Faustkeil bis zur Pathfinder-Landung auf dem Mars

Jahr für Jahr, übersichtlich angeordnet, die weltbewegenden Ereignisse aus Politik, Literatur, Musik, Religion und Philosophie, Wissenschaft und Wirtschaft in chronologischer Gegenüberstellung, Entwicklung und Stand des heutigen Wissens über unsere Welt und das Universum in Stichworten.

Herbig